华东师范大学精品教材建设专项基金资助项目

高等光学
虚拟仿真实验

主 编	尹亚玲	邓 莉	刘金梅	经雨珠
编 委	吴 健	夏 勇	郭友猛	张诗按
	蒋燕义	李 林	邓伦华	李 辉
	侯顺永	陈丽清		

U0276926

Advanced Optical
Virtual Simulation Experiment

复旦大學 出版社

前　言

伴随"互联网＋教育"的蓬勃发展,课堂教学逐渐呈现网络化、信息化、虚拟化的发展趋势.虚拟仿真实验是利用虚拟现实或实物仿真技术创建、重塑或还原实验实践教学场景的信息化或模拟式教学工具和方法,它的沉浸感、交互性、想象性为传统大众教育的"教室＋黑板"式教学注入新的活力.

虚拟仿真项目采用大平台概念、交互性原则,使学生成为主体,打破传统实验室的时间与空间限制,降低实验所需要的条件成本,简单灵活地完成真实实验中较困难的操作,从而得到思维的训练与能力的提升.虚拟仿真实验采用"虚"、"实"结合的教学方式.

作为新中国成立后组建的第一所社会主义师范大学,华东师范大学自觉肩负为国家和社会发展培育卓越人才的责任使命.学校现有本科专业总数85个,涵盖文学、历史学、哲学、教育学、经济学、理学、工学、管理学、法学、艺术学、医学等11个学科门类.拥有基础学科拔尖学生培养计划2.0基地10个、国家级实验教学示范中心2个、国家级虚拟仿真实验教学中心1个、上海市实验教学示范中心9个.各级实验教学中心已成为学校组织高水平实验教学、培养学生实践能力和创新精神的重要教学基地,实验教学中心示范与辐射功能逐步彰显.各级实验教学中心近5年来重点打造虚拟仿真实验教学课程,大力推进信息技术与高等教育实验教学深度融合,将现代信息技术融入实验教学项目、拓展实验教学内容的广度和深度、延伸实验教学的时间和空间、提升实验教学的质量和水平.

华东师范大学物理与电子科学学院上海市实验教学示范中心——物理实验教学中心以习近平新时代中国特色社会主义思想和党的二十大精神为指导,全面贯彻全国教育大会精神,落实立德树人根本任务.从教学与学生需求出发,结合本校物理学科优势,依托科研基地研究特色,切实加强虚拟仿真实验教学平台建设."科研成果转化虚拟仿真实验"百花齐放,为物理学专业高年级的学生在综合实验训练方面提供了强有力的支撑,也为疫情期间的教师和同学提供了"云实验".近3年获批1门国家一流课程、1项上海市级虚拟仿真实验项目、3门上海市一流课程.本书收录整理的虚拟仿真实验项目,皆是近3年来学院依托科研基地、校企合作联合开发的,其中"分子超快动力学成像虚拟仿真实验"获批第二批国家级一流本科课程、2021年上海高等学校一流本科课程,"高光谱压缩超快成像虚拟仿真实验"入选2022年上海高等学校一流本科课程.本书的实验分成基础光学实验模块(3个虚拟仿真实验)、诺贝尔奖相关光学经典实验模块(2个虚拟仿真实验)、前沿光学实验模块(4个虚拟仿真实验).这些光学虚拟仿真实验可以用于物理学及相关专业高年级本科生的近代物理实验课程、激光与光电子技术类实验课程、高等光学虚拟仿真实验课程以及相关研究生专业课程等.

　　本书包含的 9 个虚拟仿真实验,皆从实验目的、实验仪器、实验原理、实验内容、实验步骤、实验拓展和实验思考等方面进行阐述,图文并茂.读者通过阅读,能够理解实验原理、掌握相关实验操作,并能够根据本书内容完成相关实验,获得相应实验结果.同时,本书涉及的虚拟仿真实验均已经布置在华东师范大学虚拟仿真课程共享平台(https://vlabs.ecnu.edu.cn/)上,可以实现 24 小时访问.通过该平台可以评价学生的实验在线操作、实验报告、实验知识掌握以及课后拓展等方面情况,并给出综合评价结果.

　　在实际教学过程中,教师可以根据教学需求,灵活采用线上线下相结合的教学模式,加强学生对相关知识的理解与学习,培养学生的科学探究能力和科学思维素养.

　　将虚拟仿真实验引入本科教学,不仅可以实现超越知识点的传授(培养学生具有形象思维、逻辑思维、批判性思维、创造性思维),还可以实施进阶式实验课程训练(培养创造精神和原创性研究能力),更可以将教师的前沿研究、近年国际前沿进展和国家重大战略需求引入课程,培养学生的科研兴趣和创新能力,拓宽本科人才培养的深度和广度,对本科卓越人才教学效果的提升具有重要意义.

　　由于作者水平有限,书中难免会有疏漏之处,恳请读者批评指正! 在大家的帮助之下,我们将不断完善与提高本书,再次感谢!

2024 年 1 月于丽娃河畔

目 录

基础光学实验模块

诺贝尔奖相关光学经典实验模块

前沿光学实验模块

基础光学实验模块

第 **1** 章

Ne 原子无多普勒展宽光谱测量实验

一、实验目的

1. 熟悉染料激光器的工作原理及波长调谐的原理与操作.
2. 掌握多普勒展宽的产生机制和利用兰姆凹陷消除多普勒展宽的原理.
3. 掌握饱和吸收原理、偏振选择定则、锁相放大技术、偏振调制技术实现光谱灵敏探测的原理和技术手段.
4. 通过光谱测量,比较多普勒展宽与非多普勒展宽的本质区别,了解 Ne 原子的能级结构.

二、实验仪器

连续 532 nm 激光器、染料激光器、光栅单色仪、斩波器、锁相放大器、偏振调制器、光电探测器等.

三、实验原理

光谱测量是人类了解原子、分子、化合物等微观与宏观物质结构的重要研究手段,已经被广泛应用于医学、军事、工业、航天、科研等多个领域. 随着人类对物质的认识不断深入、应用不断拓展,对光谱测量分辨率、信噪比的要求不断提高,因此产生了许多高分辨率、高灵敏度的光谱测量技术,如多光子荧光光谱、超声射流光谱、光电流光谱、光电离质谱、无多普勒光谱等. 其中,无多普勒光谱技术是在常温常压下能够实现高分辨光谱测量的有效技术手段. 导致光谱分辨率降低的主要因素有能级寿命引起的自然展宽、碰撞引起的碰撞展宽、原子分子运动引起的多普勒展宽等,当不同能级的光谱峰位距离较近,由于上述展宽机制会引起光谱谱峰的相互重叠,因此测量到的光谱是一片准连续的光谱谱带,原子、分子与物质结构更加精细的结构信息被掩盖起来. 人们需要设计各种特殊的无多普勒光谱测量技术来减小展宽机制对光谱测量的影响.

(一)多普勒展宽机理与消除方法

由于发光原子相对于观察者或检测器运动而使观察到的光波频率发生变化的现象,称为光学多普勒效应. 设一个运动速度为 $\boldsymbol{u}_1$ 的原子处于较高能级 ε_2, 发射频率为 ν、沿 z 轴方向传播的光子后跃迁到较低能级 ε_1, 速度变为 $\boldsymbol{u}_2$. 根据光量子理论, 光子具有动量 $\hbar \boldsymbol{k}$, 其中,

$$|k| = \frac{p}{\hbar} = \frac{\hbar \dfrac{\nu}{c}}{\hbar} = \frac{2\pi\nu}{c}. \tag{1-1}$$

根据动量守恒定律、能量守恒定律,

$$m\boldsymbol{u}_2 = m\boldsymbol{u}_1 + \hbar \boldsymbol{k}, \tag{1-2}$$

$$\varepsilon_2 - \varepsilon_1 = \frac{1}{2}m(u_1^2 - u_2^2) + \hbar\nu, \tag{1-3}$$

其中, m 为原子的质量. 由上两式可以得到

$$\hbar\nu_0 = -u_1 \frac{\hbar\nu}{c} - \frac{(\hbar\nu)^2}{2mc^2} + \hbar\nu, \tag{1-4}$$

其中, 等式右边的第 1 项是一级频移, 来源于发光原子对探测器的相对运动; 第 2 项是二级频移, 来源于光子动量给原子的反冲力. 由于第 2 项比第 1 项小 4 个数量级, 这里忽略不计, 因此发射光子的频率为

$$\nu = \frac{\nu_0}{1 - \left(\dfrac{u_z}{c}\right)} \approx \nu_0\left(1 + \frac{u_z}{c}\right), \tag{1-5}$$

其中, ν_0 为原子发射光子的本征频率. 当发光原子朝着探测器运动时 u_z 为正, 观测到的频率高于原子发射本征频率; 当发光原子远离探测器运动时 u_z 为负, 观测到的频率低于原子发射本征频率. 通常, 气体中原子或分子处于无规则的热运动状态, 运动的速度和方向是各不相同的, 由于多普勒效应所产生的频移也各不相同. 根据热平衡下气体分子的速度服从麦克斯韦分布, 可以得到包含多普勒展宽的光谱线的强度分布为

$$I_D(\nu') = I(\nu_0)g_D(\nu') = I(\nu_0)\exp\left[-\frac{mc^2(\nu' - \nu_0)}{2\pi k_B T\nu_0^2}\right], \tag{1-6}$$

其中, $g_D(\nu') = \exp\left[-\dfrac{mc^2(\nu' - \nu_0)}{2\pi k_B T\nu_0^2}\right]$ 是多普勒线型, 成高斯型分布, 其线宽(半高全宽)为

$$\Delta\nu_D = 2\nu_0\sqrt{\frac{2\ln 2 \cdot k_B T}{mc^2}}. \tag{1-7}$$

从(1-7)式可以看出光谱的多普勒展宽与绝对温度 T 的平方根成正比, 与原子量 m 的平方根成反比.

(二) 利用兰姆凹陷消除多普勒展宽效应

自然展宽、碰撞展宽、多普勒展宽使光谱成准连续分布, 原子、分子与物质更精细结构

信息被掩盖起来,成为人们认识物质结构的重要障碍.自然线宽反应了能级寿命,无法消除;碰撞展宽可以通过降低气体压强、减少原子和分子之间的碰撞来消除;多普勒展宽可以通过降低温度、减少分子运动速度来消除,但在常温常压下则需要一些特殊技术手段来消除.下面将利用原子能级的饱和吸收效应、偏振选择吸收来消除多普勒展宽.

当一束入射光作用于处于热运动的二能级原子.设频率为 ω 的单色光沿 z 方向通过样品池.原子吸收该入射光后从基态跃迁到激发态,当激发与跃迁处于稳定平衡时,可以得到处于基态的原子数 $N_1(u_z)$ 和激发态的原子数 $N_2(u_z)$ 分别为

$$N_1(u_z) = \frac{N_1^0(u_z)}{1 + \dfrac{S \cdot \gamma}{(\omega_0 - \omega + ku_z)^2 + (\gamma/2)^2}} \exp\left(-\frac{mu_z^2}{2k_BT}\right), \tag{1-8}$$

$$N_2(u_z) = \frac{N_1^0(u_z)}{1 - \dfrac{S \cdot \gamma}{(\omega_0 - \omega + ku_z)^2 + (\gamma/2)^2}} \exp\left(-\frac{mu_z^2}{2k_BT}\right). \tag{1-9}$$

其中, $N_1^0(u_z)$ 为受激发前处于基态的原子数. $S = B_{12} \cdot \rho/R$ 为受激吸收速率与弛豫速率之比,称为饱和参数.根据(1-8)和(1-9)式可以做出如图1-1(a)所示的基态、激发态布居分布曲线.能级布居 $N_1(u_z)$ 分布曲线上,形成以 $(\omega_0 - \omega)/k$ 为中心的贝纳特(Bennet)孔,在 $N_2(u_z)$ 的多普勒分布曲线上,形成以 $(\omega_0 - \omega)/k$ 为中心的凸峰.

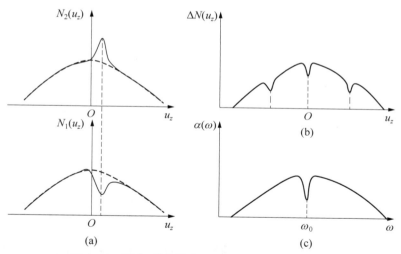

图1-1　基态、激发态布居分布曲线与吸收曲线*

(a)基态能级居 $N_1(u_z)$ 的"烧孔"与激发态能级居 $N_2(u_z)$ 的"凸峰";(b)相对入射的激发光束在布居分布曲线上形成的贝纳特孔;(c)相对入射的激发光束在吸收曲线上形成的兰姆凹陷

饱和吸收无多普勒光谱是通过测量布居数速度分布曲线上的贝纳特孔来实现的.可以采用两束激光相对入射激发原子,实现贝纳特孔的测量.设正向入射光为泵浦波

*　陆同兴,路轶群.激光光谱技术原理及应用(第二版)[M].合肥:中国科学技术大学出版社,2006.

$E_0\cos(\omega t-kz)$,利用反射回的部分泵浦波作为探测波 $E_0\cos(\omega t+kz)$,两束光波在多普勒分布曲线 $\Delta N(u_z)$ 上烧出了两个速度分别位于 $u_z=+(\omega_0-\omega)/k$,$u_z=-(\omega_0-\omega)/k$ 处的贝纳特孔,如图 1-1(b)所示.调谐入射光的频率 ω,使其逐渐接近原子本征吸收频率 ω_0,布居数速度分布曲线上两个贝纳特孔将在 $u_z=0$ 处合并,两束光波与 $u_z=0$ 的同一群原子相互作用,饱和参数 S 增大了 1 倍,光对 $u_z=0$ 处的原子的消耗最大,因此在吸收曲线 $\alpha(\omega)$ 上出现了一个吸收系数减小的兰姆凹陷,如图 1-1(c)所示.由于被激发的原子速度为零,因此不存在多普勒展宽,兰姆凹陷是无多普勒凹陷,其吸收系数为

$$\alpha_s(\omega)=\alpha_0(\omega)\left[1-\frac{S_0}{2}\left(1+\frac{(\gamma_s/2)^2}{(\omega-\omega_0)^2+(\gamma_s/2)^2}\right)\right],\qquad(1-10)$$

其中,

$$\alpha_0(\omega)=AN_0\exp\{-[(\ln 2)(\omega-\omega_0)^2/\Delta\omega_D^2]\}.\qquad(1-11)$$

$\alpha_0(\omega)$ 是多普勒线型,(1-10)式中的中括号内的表达式可以表示兰姆凹陷.兰姆凹陷的线型为洛仑兹线型,其半宽度为 γ_s.

四、实验内容

(一) 染料激光器的工作原理

本实验中的染料激光器由 532 nm 连续激光做泵浦源.根据所选用的激光染料不同,可以分为 5 个调谐谱段,即 414~445 nm,554~585 nm,590~605 nm,607~680 nm,665~745 nm.根据 Ne 原子待测能级的谱线位置,合理选择染料的工作波长,并观察激光器的内部结构,具体如图 1-2 所示.

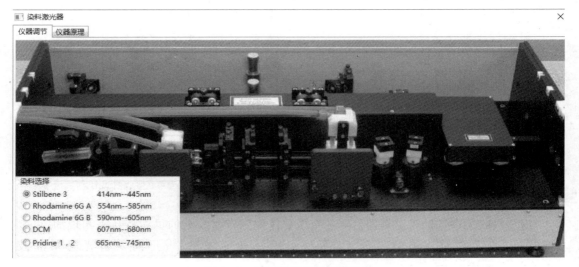

图 1-2　染料激光器的内部结构

（二）Ne原子荧光光谱与激发光谱的测量

染料激光器输出的光激发Ne原子,利用光谱仪可以测量不同波段的荧光,也可以将光谱仪调制Ne原子某个荧光最强的峰位,通过计算机控制染料激光器内部的光栅,调谐输出激光波长,获得激发光谱,此两种方法获得镜像光谱结构反应Ne原子内部能级的结构,但此时获得的光谱都是多普勒展宽光谱,除了能显示强度较高的几个能级,其他精细结构均被多普勒展宽所淹没,如图1-3所示.

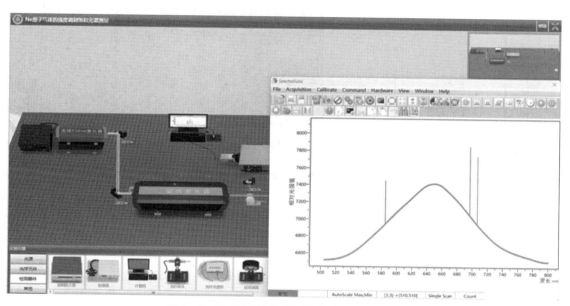

图1-3　Ne原子的荧光测量光路及荧光光谱

（三）无多普勒展宽的强度调制饱和吸收光谱与内调制光谱

根据图1-4,在虚拟仿真实验平台上搭建强度调制饱和吸收光谱的测量光路,通过计算机控制染料激光器内部的光栅,调谐输出激光波长,获得无多普勒展宽的光谱如图1-4所示.与多普勒展宽的荧光和激发光谱相比,很多精细结构都显现出来,由此反应出强度调制饱和吸收光谱的高分辨率.

五、实验步骤

步骤1　打开染料激光器,观察其内部机构,了解染料激光器的工作原理,具体如图1-2所示.

步骤2　利用功率计和光栅光谱仪,观察和测量染料激光器功率的变化和波长的调谐,光谱如图1-5所示.

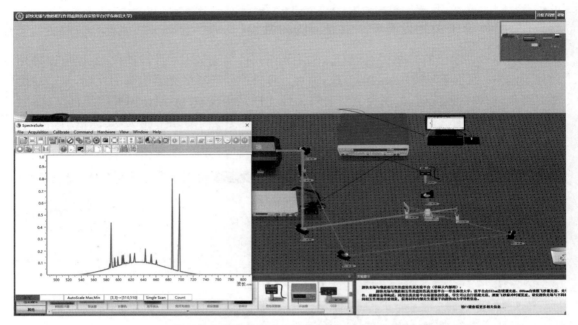

图1-4 Ne原子的无多普勒展宽强度调制饱和吸收光谱与内调制光谱

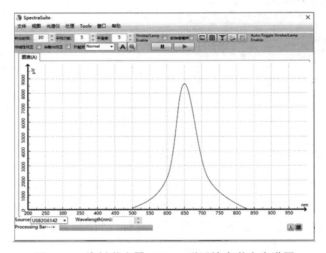

图1-5 染料激光器600 nm附近输出激光光谱图

步骤3 在虚拟实验仿真平台上搭建Ne原子的荧光光谱测量光路,并测量荧光光谱,测量光路及光谱如图1-6所示.

步骤4 在虚拟实验仿真平台上搭建Ne原子的激发光谱测量光路,并测量激发光谱.测量光路及光谱如图1-7所示.

步骤5 在虚拟实验仿真平台上搭建强度调制饱和吸收光谱实验装置,如图1-8所示.

步骤6 将斩波器放入泵浦光路,接入锁相放大器触发端.将光电倍增管接入锁相放大器的信号输入端,将锁相放大器接入计算机.斩波器与锁相放大器界面如图1-9所示.

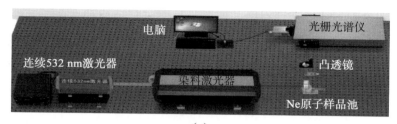

（a）

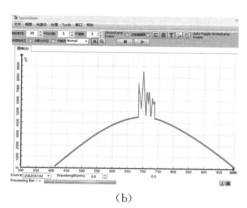

（b）

图 1-6 Ne 原子的荧光光谱测量

（a）实验光路；（b）荧光光谱

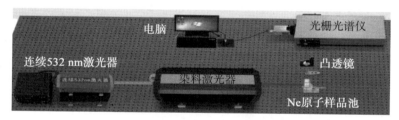

（a）

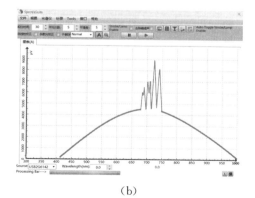

（b）

图 1-7 Ne 原子的激发光谱测量

（a）实验光路；（b）激发光谱

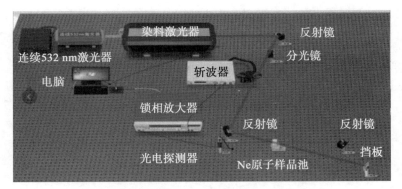

图 1-8 Ne 原子强度调制饱和吸收光谱实验装置

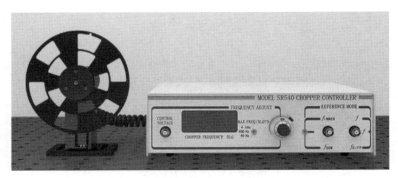

(a)

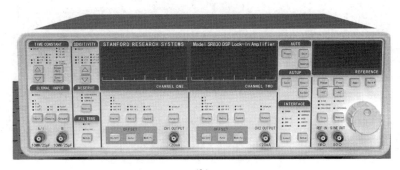

(b)

图 1-9 斩波器和锁相放大器

(a)斩波器;(b)锁相放大器

步骤7 测量 Ne 原子的强度调制饱和吸收光谱,结果如图 1-10 所示.

步骤8 搭建内调制光谱实验光路.将光电倍增管放置在与两束光相对入射垂直的方向上,并用透镜收集较弱的发射荧光.将斩波器放置在光路的合适位置,使泵浦光、探测光通过斩波器的内外孔,将斩波器输出频率调至和频模式,选择合适的斩波频率,如图 1-11 所示.

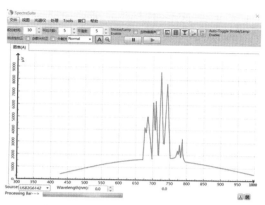

图1-10 Ne原子的强度调制饱和吸收光谱

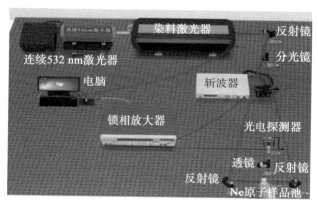

图1-11 搭建内调制光谱实验光路

步骤9 根据Ne原子的能级结构,分析比较多普勒展宽的荧光、激发光谱与强度调制饱和吸收无多普勒展宽光谱的本质区别. Ne原子无多普勒内调制光谱如图1-12所示.

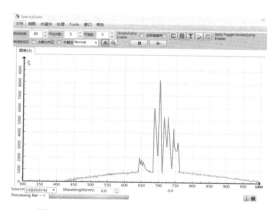

图1-12 Ne原子无多普勒内调制光谱

六、数据记录与处理

（一）荧光光谱与激发光谱虚拟仿真实验

对于多普勒展宽的荧光光谱,可以看到在荧光峰的下面有强度较大的多普勒展宽信号,掩盖了精细结构,如图 1-13(a)所示.将光栅光谱仪扫描至 Ne 原子荧光最强峰位置,计算机与染料激光器连接,通过计算机软件控制扫描染料激光器的波长,获得如图 1-13(b)所示的激发光谱.激发光谱有较高的多普勒展宽底座,与荧光光谱成"镜像"对称关系,且比荧光光谱波长短.为了更清楚地了解分子的精细结构,需要采用两光束相对入射通过测量兰姆凹陷来消除多普勒展宽.

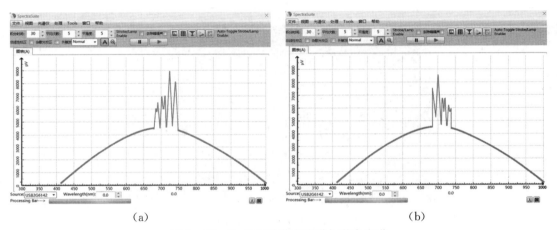

(a)   (b)

图 1-13   Ne 原子的荧光光谱与激发光谱

(a)荧光光谱；(b)激发光谱

（二）无多普勒展宽的腔外强度饱和吸收光谱和强度内调制光谱测量

从光谱图中可以看出,其光谱形状与激发光谱类似,其峰位反映了 Ne 原子的吸收能级,多普勒展宽的强度大大降低,右边出现了荧光光谱与激发光谱中被多普勒展宽掩盖得更精细的峰位.由于两束光是以一定夹角入射,并没有真正完全相对入射,仍然存在剩余的多普勒展宽背景,如图 1-14(a)所示.因此在此光谱技术的基础上进行改进优化形成强度内调制光谱测量,可以减少多普勒展宽效应对光谱的影响.强度内调制光谱测量的实验由于两光束完全相对入射,且采用差频技术降低杂散信号的影响,其光谱如图 1-14(b)所示,其残存本底是由于原子间碰撞引起速度变化而导致形成多普勒加宽的本底.

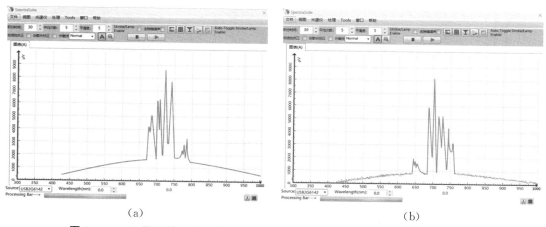

（a）　　　　　　　　　　　　　　　　（b）

图 1－14　Ne 原子的无多普勒展宽的腔外强度饱和吸收光谱和强度内调制光谱

（a）腔外强度饱和吸收光谱；（b）强度内调制光谱

七、实验拓展

（一）无多普勒展宽的偏振饱和吸收光谱

偏振饱和吸收光谱的实验装置如图 1－15（a）所示，在腔外强度饱和吸收光谱的基础上进行实验. 利用分束比为 5∶1 的分光镜，将一束激光分成能量较大的泵浦光与一束能量较弱的探测光，两束光以接近 180°夹角入射. 在泵光光路上放置 1/4 波片，在探测光路上放置起偏器. 线偏振光中包含左旋圆偏振光与右旋圆偏振光. 当 Ne 原子在泵浦光束中吸收左旋圆偏振光的光子，使得角动量在空间上的分布变得不均匀，显示各向异性. 由于泵浦光中所含光子较多，产生偏振饱和吸收效应，对探测光中线偏振光子中的左旋圆偏振光的光子吸收减弱，对右旋圆偏振光的光子吸收较强，因此探测光经过 Ne 原子后不再是线偏振光，而是椭圆偏振光. 在探测光路上，进入 Ne 原子样品池前放置检偏器，调制探测光强最大，在样品池后与探测器之间放置一个正交检偏器，然后由光电探测器接收探测光. 使未入射泵浦光时，光电探测器接收到的光强为零. 当泵浦光入射样品，由于偏振饱和吸收效应，光电探

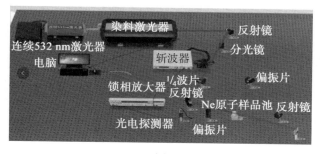

（a）

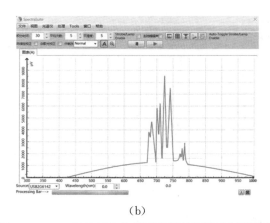

(b)

图 1 - 15　Ne 原子无多普勒展宽的偏振饱和吸收光谱

(a)实验装置;(b)偏振饱和吸收光谱

测器接收到探测光强.在泵浦光路上加入斩波器,斩波信号输入锁相放大器.扫描染料激光器输出波长,激发速度为零的原子形成分辨率较高的无多普勒展宽光谱,如图 1 - 15(b)所示.但该种实验方法的不足之处在于探测光路上的正交检偏器偏振方向稍有偏离,就会形成不对称的谱线,而且由于原子间的碰撞会使角动量发生一定改变,形成背景信号.

(二)偏振内调制光谱测量

为了进一步优化测量,得到完全无多普勒展宽光谱,采用两个旋转的偏振调制器对两束能量相等、完全相对入射的圆偏振光进行调制,如图 1 - 16(a)所示.偏振内调制光谱的实验装置与强度内调制光谱技术较为相似,但在分光镜前利用 1/4 波片将从激光器输出的光变为圆偏振光,利用分束比为 1:1 的分光镜将圆偏振光分为泵浦光和探测光,再分别经过两个偏振方向正交的偏振片后完全反向共线地入射到样品池.利用两个旋转频率分别为 f_1 和 f_2 的偏振调制器,分别对两束光的线偏振态方向进行调制.由于偏转器每旋转 1 周,偏振态改变了 2 次,于是锁定在 $2|f_1 \pm f_2|$ 上的锁相放大器就不会放大这些原子发射的荧光杂散信号.当激光频率调谐到吸收线中心时,可以测得完全无多普勒展宽的偏振内调制信号,其分辨率高于前面所述的其他无多普勒展宽光谱.Ne 原子的吸收峰在 692.9 nm,702.4 nm,717.4 nm,724.5 nm,743.8 nm 等吸收峰位,如图 1 - 16(b)所示.

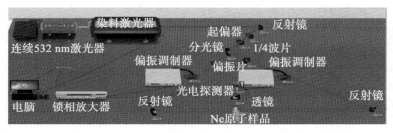

(a)

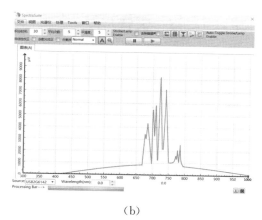

(b)

图 1‑16　Ne 原子无多普勒展宽的偏振内调制光谱

(a)实验装置；(b)偏振饱和吸收光谱

八、实验思考

1. 请简述 Ne 原子无多普勒光谱虚拟仿真实验中斩波器、锁相放大器、光电倍增管和计算机的连接顺序和连接点.

2. 分析常规荧光光谱与无多普勒展宽的强度内调制光谱的区别.

3. 无多普勒强度内调制饱和吸收光谱与无多普勒腔外吸收光谱相比,有哪些优势？

4. 无多普勒强度内调制饱和吸收光谱一定需要斩波器内外孔的和频作为锁相放大器的参考频率对荧光灵敏探测吗？ 这一点与无多普勒腔外饱和吸收光谱技术对斩波频率的要求有哪些不同？

本章参考文献

[1] 陆同兴,路佚群. 激光光谱技术原理及应用(第二版)[M]. 合肥:中国科学技术大学出版社,2006.

[2] 王兆永,严光耀. 新的高分辨率激光光谱学——偏振内调制激励(POLINEX)光谱学[J]. 物理,1983,03:129.

[3] 李倩,梁亮,郭荣辉. 基于偏振调制器的微波光子倍频系统实验研究[J]. 激光技术,2014,38(05):660.

[4] Xiuping Lv, Jia Liu, Shibao Wu. Flat optical frequency comb generation based on polarization modulator with RF frequency multiplication circuit and dual-parallel Mach-Zehnder modulator [J]. *Optik*, 2019,183:706.

[5] 易琼,孙先知,杨建昌,罗天峰,王林森. 高能激光与 K9 玻璃相互作用仿真实验研究[J]. 激光与红外,2017,47(07):808.

第 2 章

利用泵浦探测技术测量 GaAs 的超快动力学特性实验

一、实验目的

1. 搭建泵浦探测技术的实验装置.
2. 了解锁相放大技术进行光谱灵敏探测的原理.
3. 了解半导体材料中载流子超快动力学特性及相关参数的模拟运算.

二、实验仪器

532 nm 连续掺钕钒酸钇激光器、飞秒钛宝石脉冲激光器、纳米平移台、锁相放大器、斩波器、光电探测器、计算机、反射镜、二向色偏片等.

三、实验原理

（一）半导体的缺陷态与载流子的俘获过程

根据在半导体禁带内所处的位置来区分,缺陷可分为浅能级和深能级.根据能级的定义,禁带中的能级是由长程库仑势引起的,称为浅能级;由短程缺陷势引起的能级,称为深能级.缺陷能级对载流子可有以下两种作用.

（1）陷阱:一个缺陷对一种载流子的捕获截面大,对另一种载流子的捕获截面小,使得被捕获的载流子在缺陷停留一段时间后,可被热激发回到原来的能态.

（2）复合中心:缺陷对两种载流子的捕获截面相差不大,相继俘获一个电子和空穴,引起电子和空穴复合.

通常带电荷的浅能级主要作为载流子陷阱,而中性缺陷对应的深能级则可作为陷阱或复合中心.光生载流子要由自由态跃迁到深能级缺陷态,需运动到缺陷附近释放掉 10 多个纵光学(LO)声子的能量.深能级缺陷对载流子的捕获有以下 4 种可能.

（1）辐射复合:能量以光子的形式放出.但许多半导体中深能级的俘获过程并不伴随着发射光子,属于无辐射俘获.

（2）俄歇碰撞过程:两个载流子发生非弹性碰撞,其中一个损失能量落入深能级,而将能量传递给另一个,使之激发到较高的能态.其特征是载流子浓度越大,俘获速率越大.但实验证明,许多材料的深能级的捕获速率基本与载流子浓度无关.

（3）Lax 级联俘获:如果缺陷能级除了处于禁带中央附近深的基态外,还有一系列较浅的激发态,导带电子可能通过级联跃迁经过各激发态,最后落入基态,每一步跃迁放出 1~2 个声子.

（4）多声子无辐射俘获:由于深能级电子态的局域性,在缺陷附近电子和晶格相互作用,使晶格偏离原来的平衡位置而产生晶格弛豫.这种弛豫有可能使电子在被缺陷俘获的过程中放出许多声子.

（二）泵浦探测技术的基本原理

当一束激光脉冲激发半导体样品时,受激产生于导带中的电子和价带中的空穴占据一些能态,从而会降低样品对探测光的吸收,产生所谓的吸收饱和效应.随着受激载流子布居的衰减,这种饱和效应随之退化,对探测光的吸收亦随之增加.于是通过测量探测光的相对变化,便可以测定载流子布居的衰变情况.无外场作用时,若仅考虑带间跃迁引起的光吸收,则相应的吸收系数 α 可表示为

$$\alpha = \sum_v \alpha_0 C_v(\hbar\omega, \rho) \sqrt{\hbar\omega - E_g(\rho)} \left[1 - f_c(E) - f_v(E) \right], \qquad (2-1)$$

其中,α_0 为泵浦光的带间吸收系数,$\hbar\omega$ 为泵浦光子能量,ρ 为受激载流子浓度,$E_g(\rho)$ 是存在浓度为 ρ 的电子-空穴等离子体时的带隙能量宽度,$C_v(\hbar\omega, \rho)$ 是跃迁能量为 $\hbar\omega$ 时的库仑增强因子,$f_c(E)$ 和 $f_v(E)$ 分别是探测脉冲对应的能态 E 处的电子和空穴的分布函数.

由(2-1)式可知,态填充效应引起的探测光吸收随时间的变化反映了泵浦光注入载流子布居随时间的衰变.另外,由克拉默斯-克龙定理(K-K 关系)可知,样品吸收系数的改变会引起折射率的相应变化.

以 ε_1 和 ε_2 分别表示样品的复介电常数的实部和虚部,它们与折射率 n 和消光系数 k 有如下的关系:

$$\varepsilon_1 = n^2 - k^2, \quad \varepsilon_2 = 2nk, \qquad (2-2)$$

而吸收系数 $\alpha = 4\pi k/\lambda$. 因填充效应引起的探测光的反射率和透射率的相对变化可表示为

$$\Delta R/R = \alpha_1 \Delta\varepsilon_1 + \alpha_2 \Delta\varepsilon_2, \quad \Delta T/T = \beta_1 \Delta\varepsilon_1 + \beta_2 \Delta\varepsilon_2, \qquad (2-3)$$

其中,α_1,α_2,β_1 和 β_2 是权重因子. 对于 GaAs 等半导体材料,通常 $n > k$,$\beta_1 << \beta_2$. $\Delta T/T$ 主要由 $\Delta\varepsilon_2$ 决定,即透射率的相对变化主要反映样品吸收的变化.而反射率的相对变化 $\Delta R/R$ 的规律比较复杂,与样品厚度和激发波长有关.

泵浦探测瞬态光谱测量中得到的信号 $S(\tau)$ 与材料响应函数 $A(t)$、光脉冲自相关函数之卷积成正比,

$$S(\tau) \propto \int_{-\infty}^{\infty} dt \int_{-\infty}^{t} dt_1 \cdot A(t - t_1) \times I_{pu}(t_1) I_{pr}(t - \tau), \qquad (2-4)$$

其中,$I_{pu}(t)$,$I_{pr}(t)$ 分别是泵浦光与探测光强度时间包络,τ 为泵浦光与探测光之间的相对

延时. 材料响应函数 $A(t)$ 中包含相干耦合假象 $\delta(t)$ 和载流子布居弛豫函数 $G(t)$ 两个部分. 相干耦合假象 $\delta(t)$ 在探测信号中所占的分量随泵浦光脉冲与探测光脉冲的偏振方向的差异而不同. 对于泵浦光和探测光平行偏振的情况,$\delta(t)$ 的贡献等于零点延迟处探测信号的 1/2. 扣除相干耦合假象后,用解卷积的方法可以获得布居弛豫函数 $G(t)$. 通常载流子具有多个弛豫过程,相应地,$G(t)$ 包含几个时间常数,具体可表示为

$$G(t) = \sum_i a_i \exp(-t/T_i). \tag{2-5}$$

由信号曲线可以得到一组合适的权重 a_i 和时间常数 T_i.

激光激发导带至价带的跃迁,满足能量守恒和动量守恒. 忽略能带重整化的影响,有如下的关系:

$$\hbar\omega = E_g + \frac{\hbar^2 K^2}{2m_c} + \frac{\hbar^2 K^2}{2m_v}, \tag{2-6}$$

其中,K 为波矢,m_c,m_v 分别是电子和空穴的有效质量. 受激电子和空穴的过超能量分别为

$$\Delta E_c = \frac{\hbar^2 K^2}{2m_c} = \frac{m_v(\hbar\omega - E_g)}{m_c + m_v}, \quad \Delta E_v = \frac{\hbar^2 K^2}{2m_v} = \frac{m_c(\hbar\omega - E_g)}{m_c + m_v}. \tag{2-7}$$

由于 $\dfrac{\Delta E_c}{\Delta E_v} = \dfrac{m_v}{m_c} \approx 6.6$,因此激发光产生的载流子的过超能量大部分集中在电子. 对于无缺陷和掺杂的半导体材料,其受激发电子的初始分布与平衡态分布的差别,通常比空穴的要大许多,因而电子对样品吸收变化的影响是主要的. 所以,探测光脉冲透射率的相对变化主要反映了光生电子布居的变化情况.

(三) 利用自相关测量脉冲宽度的原理

脉冲强度自相关法是测量光脉冲宽度的典型技术,具有无背景、信噪比高等优点,是飞秒激光系统中必备的测试手段. 图 2-1 为测量飞秒脉冲宽度的脉冲强度自相关装置示意图. 一束脉冲列经分束镜分成光强近似相等的两列脉冲,一束经固定光臂为信号脉冲 $I(t)$,另一束经可变光臂形成延迟为 τ 的参考脉冲 $I(t - \tau)$,经透镜非共线地聚焦于倍频偏硼酸钡(BBO)晶体上,产生二次谐波,信号由光电倍增管检测.

强度 $I(t)$ 的二阶脉冲强度自相关函数的归一化形式为

$$G^2(\tau) = \frac{\langle I(t)I(t+\tau)\rangle}{\langle I^2(t)\rangle}, \tag{2-8}$$

其中,括号"$\langle\ \rangle$"表示在一个充分长的时间间隔内的平均值. 如果 $I(t)$ 是一个孤立的单脉冲,当相对延迟 τ 很大时,$G^2(\tau)$ 取零值,即 $I(t)$,$I(t+\tau)$ 已经彼此不再相关;当相对延迟 τ 趋近为零时,它的半宽度提供 $I(t)$ 持续时间的测量值. 要精确地确定脉冲的宽度,需要进一步知道 $I(t)$ 的形状. 由(2-8)式可以看出,不论 $I(t)$ 的形状如何,$G^2(\tau)$ 的形状总是对称的. 如果 $I(t)$ 的形状是对称的,由 $G^2(\tau)$ 可直接推断出 $I(t)$ 的形状.

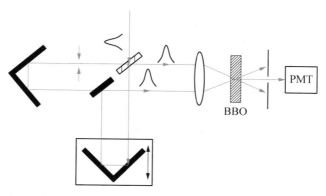

图 2 - 1　利用 BBO 晶体的非线性效应测量激光脉冲宽度的原理图 *

假定已知被测脉冲 $I(t)$ 的形状为高斯型，则

$$I(t) = I_0 \exp[-4\ln(2)t^2/\Delta t^2],\qquad\qquad (2-9)$$

$$I(t+\tau) = I_0 \exp[-4\ln(2)(t+\tau)^2/\Delta t^2],\qquad\qquad (2-10)$$

其中，Δt 为待测脉冲在峰值强度 $1/2$ 处的宽度，即半高全宽度（FWHM）. 代入（2 - 8）式中，可以得到脉冲强度自相关曲线的半高全宽度 $\Delta\tau$ 与 Δt 的关系为

$$S(\tau) = \frac{\langle I(t)I(t+\tau)\rangle}{\langle I^2(t)\rangle} = \frac{\displaystyle\int_{-\infty}^{\infty} I(t)I(t+\tau)\mathrm{d}t}{\displaystyle\int_{-\infty}^{\infty} I^2(t)\mathrm{d}t}$$

$$= \left(\frac{\sqrt{\pi}}{\sqrt{2}}\frac{\Delta t}{2\sqrt{\ln 2}}\right)^{-1}\int_{-\infty}^{\infty}\exp\left(-\frac{4\ln 2\, t^2}{\Delta t^2}\right)\exp\left[-\frac{4\ln 2(t+\tau)^2}{\Delta t^2}\right]\mathrm{d}t$$

$$= \left(\frac{\sqrt{\pi}}{\sqrt{2}}\frac{\Delta t}{2\sqrt{\ln 2}}\right)^{-1}\exp\left(-\frac{4\ln 2\,\tau^2}{2\Delta t^2}\right)\int_{-\infty}^{\infty}\exp\left[-2\left(\frac{2\sqrt{\ln 2}\,t}{\Delta t}+\frac{2\sqrt{\ln 2}\,\tau}{2\Delta t}\right)^2\right]\mathrm{d}t$$

$$= \exp\left(-\frac{2\ln 2\,\tau^2}{\Delta t^2}\right).$$

$$(2-11)$$

所以，对高斯线型，有 $\Delta\tau/\Delta t = \sqrt{2}$. 由测出的 $\Delta\tau$ 可估计待测脉冲的半高全宽度. 用同样方法可以计算得到矩型、双曲正割型、洛伦兹型脉冲的强度自相关宽度与脉冲宽度的比，如表 2 - 1 所示. 如图 2 - 2 所示为半高全宽为 10 fs 高斯型、双曲正割型、洛伦兹型脉冲的强度自相关理论曲线.

---

* 邓莉. 飞秒脉冲诊断与飞秒光电导研究. 中山大学博士学位论文，2004.

表 2 - 1 不同形状脉冲的 $\Delta\tau/\Delta t$ 和时间信号带宽积 $\Delta t \cdot \Delta v$ 的比较[*]

	$I(t)$	$\Delta\tau/\Delta t$	$\Delta t \cdot \Delta v$
矩形	$1 \quad (0 \leqslant t \leqslant \Delta t)$	1	0.886
高斯	$\exp\left\{-\dfrac{(4\ln 2)\cdot t^2}{\Delta t^2}\right\}$	$\sqrt{2}$	0.441
双曲正割	$\mathrm{sech}^2\left\{-\dfrac{1.76t}{\Delta t}\right\}$	1.55	0.315
洛伦兹	$\exp\left\{-\dfrac{(\ln 2)t}{\Delta t}\right\}$	2	0.110

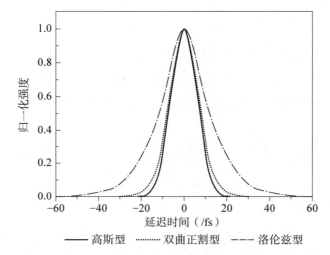

图 2 - 2 半高全宽为 10 fs 高斯型（实线）、双曲正割型（点线）、
洛伦兹型（点划线）脉冲的强度自相关理论曲线[*]

四、实验内容

泵浦探测实验是一个比较大型的、复杂的实验,按照学生认知需要,可以从实验仪器的熟悉到泵浦探测实验曲线的测量分为 3 个小实验.

（一）了解激光器的操作与内部结构

在泵浦探测虚拟仿真实验中,提供 532 nm 连续激光器和 800 nm 钛宝石飞秒激光器,学生可以点击相关项目,进行两种激光器的开关操作,并根据仪器原理中提供的激光器内部

---

[*] 邓莉. 飞秒脉冲诊断与飞秒光电导研究. 中山大学博士学位论文,2004.

结构图,了解激光器的工作原理. 532 nm 连续激光器的电源控制箱和内部结构分别如图 2 - 3 和图 2 - 4 所示. 800 nm 钛宝石飞秒激光器的电源控制箱和内部结构分别如图 2 - 5 和图 2 - 6 所示.

图 2 - 3　532 nm 连续激光器的电源控制箱(可实现开关操作)

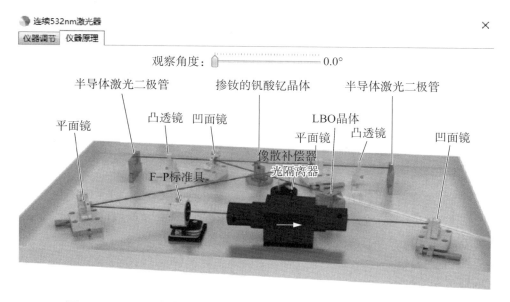

图 2 - 4　532 nm 连续激光器的内部结构(可实现 360°旋转观察内部结构)

图 2‐5　800 nm 钛宝石飞秒激光的电源控制箱(可实现开关操作)

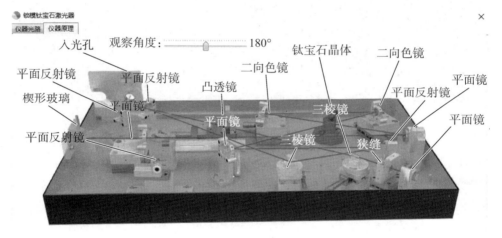

图 2‐6　800 nm 钛宝石飞秒激光器的内部结构(可实现 360°旋转观察内部结构)

(二)自相关曲线的测量

可以调用虚拟仿真平台提供的反射镜、分束镜、斩波器、纳米平移台、锁相放大器、光电探测器、计算机等元件,搭建自相关实验光路,如图 2‐7 所示.

由自锁模钛宝石激光器产生的脉冲光经分束片分成两束,两光束偏振方向相互平行.两束光分别经过固定光路与可变光学延迟线后非共线地聚焦到样品上. 一维纳米平移台是可变延迟线,它的移动由计算机控制;BBO 是倍频光学晶体,当两束激光的脉冲在 BBO 晶体内时间域完全重合时,可以产生自相关信号,此信号经由光电探测器接收,斩波器放置在其中一束光的光路上,斩波频率输入锁相放大器作为参考频率,光电探测器将光信号转换为电信号,此电信号经过相放大器放大后输入计算机,通过移动一维获得激光脉冲的自相关实验信号,利用数据拟合得到激光脉冲的时域宽度.

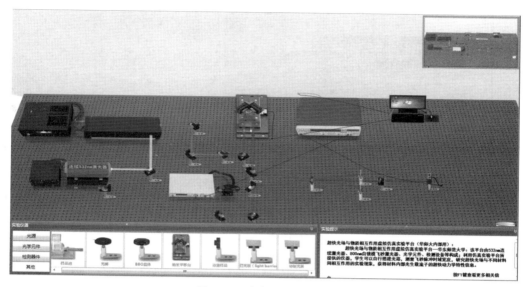

图 2-7　自相关实验光路

（三）泵浦探测实验曲线的测量

泵浦探测技术是研究半导体中光生载流子超快过程的主要手段之一. 飞秒激光脉冲由自锁模钛宝石激光器产生, 经分束镜分成两束, 分别作为泵浦和探测脉冲, 偏振方向相互平行, 光强比为 5∶1. 两束光分别经过固定光路与可变光学延迟线后非共线地聚焦到样品上. 一维纳米平移台是可变延迟线, 它的移动由计算机控制; 当两束激光的脉冲在样品上时间域完全重合时, 泵浦探测信号探测光经由光电探测器接收, 斩波器放置在光强较强的泵浦光的光路上, 斩波频率输入锁相放大器作为参考频率, 光电探测器将光信号转换为电信号, 此电信号经过相放大器放大后输入至计算机, 通过移动一维纳米平移台改变两脉冲的延迟时间, 获得样品的泵浦探测信号.

五、实验步骤

步骤 1　打开 532 nm 连续激光器, 观察内部结构, 如图 2-4 所示, 了解连续激光器的工作原理.

步骤 2　打开钛宝石飞秒激光器, 调节腔内三棱镜和端镜位置, 利用功率计和光栅光谱仪观察其功率和波长变化, 寻找调谐规律, 如图 2-6 所示.

步骤 3　优化钛宝石飞秒激光器, 使其产生中心波长为 800 nm、频谱宽度为 100 nm 的脉冲, 利用功率计测量其功率为 225 mW, 如图 2-8 所示.

步骤 4　搭建自相关光路, 利用 BBO 晶体产生自相关信号, 如图 2-9 所示.

步骤 5　将步进电机、锁相放大器、斩波器连入光路, 如图 2-10 所示.

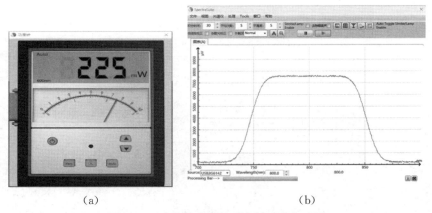

(a)   (b)

图 2‒8   飞秒激光器输出光的功率与光谱

(a)功率；(b)光谱

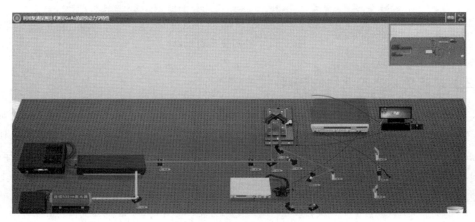

图 2‒9   搭建自相关光路

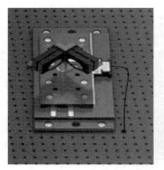   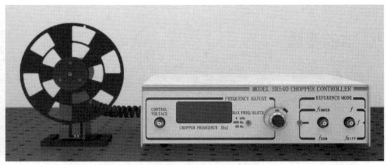

图 2‒10   步进电机和斩波器连入光路

步骤6   打开锁相放大器开关和斩波器开关，选择合适的斩波频率和锁相放大器的工作方式(R，θ模式)，如图 2‒11 所示.

图 2 - 11　锁相放大器

步骤 7　利用计算机记录自相关信号,并读出其宽度.利用自相关宽度与高斯脉冲宽度之间的关系,间接得到脉冲的宽度,如图 2 - 12 所示.

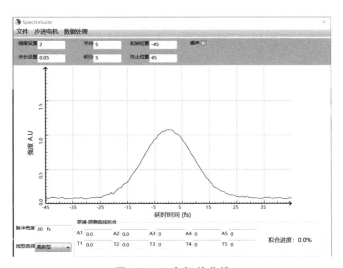

图 2 - 12　自相关曲线

步骤 8　搭建泵浦探测实验光路,如图 2 - 13 所示.

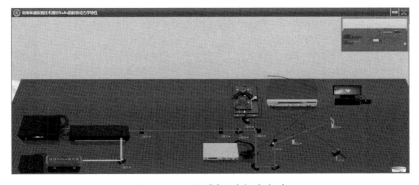

图 2 - 13　泵浦探测实验光路

步骤9 测量 GaAs 样品的泵浦探测曲线,如图 2 - 14 所示.

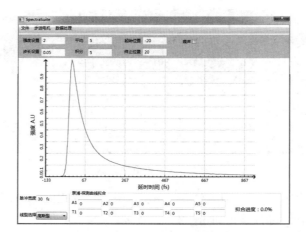

图 2 - 14 泵浦探测实验测量曲线

步骤10 利用 Matlab 软件编写算法,将 GaAs 样品的超快动力学特性信息提取出来,并与 GaAs、低温生长 GaAs 内部载流子的超快动力学过程进行对应,了解其物理实质.

六、数据记录与处理

1. 测量自相关曲线,如果将脉冲看成高斯脉冲,通过测量自相关信号的宽度除以 1.414 可得脉冲的宽度,如图 2 - 15 所示.

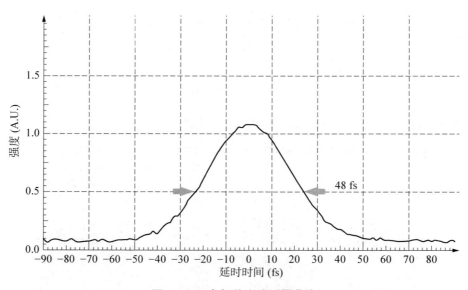

图 2 - 15 自相关实验测量曲线

$$\Delta t = \frac{48}{1.414} \approx 33 (\text{fs}).$$

2. 测量得到泵浦探测曲线,用函数 $G(t) = \sum_i a_i \exp(-t/T_i)$ 进行拟合,获得 GaAs 的快过程与慢过程时间,如图 2-16 所示.

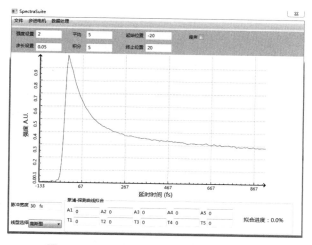

图 2-16　GaAs 的泵浦探测实验测量曲线

从图 2-16 中,可以拟合出快过程为 300 fs、慢过程为 2 000 fs,分别与载流子从导带的较高能带跃迁到导带底的快过程时间和载流子从导带底跃迁到价带的慢过程时间相对应.

七、实验拓展

低温生长 GaAs 的泵浦探测实验测量曲线如图 2-17 所示.利用泵浦探测技术测量低温生长 GaAs 的超快动力学特性,拟合后得到低温生长 GaAs 的载流子动力学快过程为 200 fs、慢过程为 800 fs,与 GaAs 的超快动力学特性存在明显差异.这说明在低温生长 GaAs

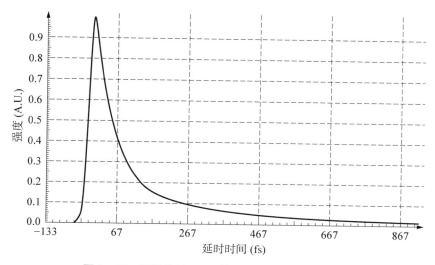

图 2-17　低温生长 GaAs 的泵浦探测实验测量曲线

的生长过程中,退火引起 Ga 的团聚,在导带与价带之间形成很多俘获电子的空穴,使得慢过程加快. 这一性质可以用来制作光开关,提高开关时间.

八、实验思考

1. 在自相关探测实验和泵浦探测实验中,光电探测器分别接收什么光?
2. 在泵浦探测实验中,为什么要让两束激光的脉冲在样品上的时域完全重合?
3. 在自相关实验中,对 BBO 晶体的主轴角度有要求吗? 如果有,应满足什么要求?
4. 在泵浦探测实验中,为什么泵浦光和探测光的光强比应调整为 5:1?

本章参考文献

[1] 林远芳,李拓宇,郑晓东,刘旭,刘向东. 光学虚拟实验室中典型光路调试的仿真实现[J]. 实验室研究与探索,2011,30(05):16.

[2] 覃振兴,卢建诗,唐平英. 光学虚拟仿真实验及动态交互功能的研究与开发——以单缝衍射实验为例[J]. 物理实验,2017,30(5):92.

[3] 谭守标,霍剑青,王晓蒲. 计算机虚拟技术在大学物理仿真实验教学系统中的应用[J]. 中国科学技术大学学报,2005,03:429.

[4] 陆同兴,路轶群. 激光光谱技术原理及应用(第二版)[M]. 合肥:中国科学技术大学出版社,2006.

[5] 文锦辉,陈颖宇,黄淳,张海潮,林位株. 低温生长 GaAs 非平衡载流子的超快动力学特性[J]. 红外与毫米波学报,1999,18(3):195.

第 **3** 章
光纤中的超光速传输实验

一、实验目的

1. 了解快慢光现象的基本原理及色散关系对群速度的影响.
2. 理解受激布里渊散射快慢光的基本原理.
3. 掌握光纤环增强的布里渊自加快快光实验光路的搭建.
4. 掌握入射光功率与传输提前量之间的关系.

二、实验仪器

可调谐激光器(TLS)、函数信号发生器、示波器、光谱仪、电光调制器(EOM)、掺铒光纤放大器(EDFA)、偏振控制器(PC)、环形器、耦合器、单模光纤(SMF)、高非线性光纤(HNLF)等.

三、实验原理

(一) 背景介绍

快慢光是指光在介质中传播时群速度加快或者减慢的物理现象. 近 20 多年以来,控制光的传播速度的重要性越来越突出,对于该方向的理论和实验研究不断取得新的进展. 科学界对快慢光研究显示出极大的兴趣,其原因在于快慢光技术为现代通信系统中全光信息处理、全光缓存和光计算等方面提供了可能的解决方案. 按照经典理论,材料的折射率为复数,实部和虚部满足 K-K 关系. 材料在某个波长处存在增益或吸收峰,增益或吸收将导致光群折射率的改变,从而可以通过控制增益或吸收谱的宽度及其大小来控制光的传播速度.

由于光纤中快慢光具有可以与现有光通信系统良好兼容等优点,近年来快慢光研究的热点已经转移到光纤中群速度的控制上. 光纤中快慢光方案主要是利用光纤中的非线性效应来实现的,如受激布里渊散射(SBS)、受激拉曼散射(SRS)、光参量放大(OPA)等. 这些方案都是利用光纤非线性放大产生一个强烈的增益或吸收峰,导致脉冲经历很强的正常或者反常色散,实现光群速度减慢或加快,控制增益大小即可实现快慢光的可调控. 光纤中基于布里渊散射的快慢光,因其具有低阈值、室温操作、工作任意波长、装置简单,甚至布里渊增益带宽可以任意拓展的特性,具有与光纤通信系统天然兼容的潜力,受到了学术界的极大关注.

快慢光现象在全光通信、光传感、非线性效应增强等方面具有重要的研究意义.在光纤中产生快慢光由于具有室温工作、与光通信系统兼容性好等优点,因此受到了广泛的关注.与电磁诱导透明(EIT)、相干布居振荡(CPO)等快慢光方法相比,光纤中基于受激布里渊散射的快慢光技术具有低泵浦功率、工作任意波长以及室温操作的特点.

本实验研究基于布里渊激光振荡的负群速度超快传输,通过环形器将自发布里渊散射的斯托克斯光反向引入相互作用光纤,构成布里渊激光器,一方面可以提高信号的提前量,另一方面由于短光纤的使用,提高了增益饱和阈值.通过实验,可以观测到 212.2 ns 的传输时间提前量,最大的群速度约为 $-0.15\,c$,群折射率为 $-6.663\,6$,提前量与损耗比为 $211.3\,\text{ns/dB}$.

(二) 光速的定义

光在色散介质中传播可以由相速度与群速度来进行描述:相速度是光的电磁波相位传播的速度,群速度是波包峰值位置的移动速度.

对于单一波长稳态的电磁波,波的各点都在做稳态的简谐电磁振荡.单一波长的波的传播可以理解为相位的传播,因此它只有相速度的概念.在均匀介质中,理想单一波长平面波的相速度 v_p 是一个常数,但我们没有办法直接测定光场的相位,因此实际上单一波长的电磁波的相速度是不能直接测量的.通常可以通过测定介质的折射率 n 来间接获得均匀材料中单色光的相速度.在真空中,相速度与频率(波长)无关,而在介质中它与频率有关.

对于单一波长的平面波,其电场可以表示为

$$E(z,\,t)=E_0\mathrm{e}^{\mathrm{i}(kz-\omega t)}=E_0\mathrm{e}^{\mathrm{i}k\left(z-\frac{\omega}{k}t\right)},\qquad(3-1)$$

其中,ω 为电磁波的角频率,k 为波数.相速度为

$$v_p=\frac{\omega}{k}.\qquad(3-2)$$

在通常情况下,色散介质中单色电磁场的传播速度也可以表示为

$$v_p=\frac{c}{n_0},\qquad(3-3)$$

其中,c 为真空中的光速,n_0 为介质的线性折射率.

对于在色散介质中传播的非单色电磁波来说,介质对于不同频率成分的折射率也不相同.也就是说,不同的频率成分将以不同的相速度传播.而实际上光信号是包含了传递信息的光脉冲序列.在这样的光脉冲序列中,每个光脉冲都不再是单一频率的单色光,它们都包含很多频率成分.一系列光频分量的叠加形成一个频率成分的"包络",通常称为波包.这种含有多个频率成分的光脉冲(波包)通过介质时各单色的频率分量将以不同的相速度传播,导致波包在传输过程中发生形变.由于波包的不同点以不同的速度传播,因此不能再用相

速度来表征波包的传播. 由此对应地引入群速度的概念. 群速度表示波包的等振幅面的传播速度. 在介质中脉冲传播的群速度应该表示为

$$v_g = \frac{d\omega}{dk} = \frac{c}{n(\omega) + \omega \frac{dn(\omega)}{d\omega}}. \tag{3-4}$$

在上式的推导中,利用了以下两式:

$$k = \frac{n(\omega)\omega}{c}, \quad \frac{dk}{d\omega} = \frac{1}{c}\left(n + \omega \frac{dn}{d\omega}\right).$$

从上式可以看出,在折射率剧烈变化的区域(如在介质共振频率附近),群速度将发生较大变化. 当 $dn(\omega)/d\omega$ 很大而且为正(大正常色散)时,产生慢光现象(群速度变慢);当 $|dn(\omega)/d\omega|$ 很大但是为负(大反常色散)时,产生快光现象(群速度变快). 更极端的情况是,当 $|dn(\omega)/d\omega|$ 大到令 $n_g < 1$ 时,就会出现 $v_g > c$ 的超光速情况. 再进一步,当 $|dn(\omega)/d\omega|$ 大到令 $n_g < 0$,那么就会出现 $v_g < 0$ 的情况.

(三)色散关系对群速度的影响

在真空中,光以恒定的速度传播,与光的频率无关. 然而,在通过任何物质时,光的传播速度要发生变化,而且不同频率的光在同一物质中的传播速度也不同,因而具有不同的折射率.

这种光在介质中的传播速度(或介质的折射率)随其频率(或波长)而变化的现象,称为光的色散现象. 介质的典型色散曲线如图 3-1(a)所示,其中,横坐标 λ 为入射光在真空中的波长,纵坐标 n 为介质的折射率,其定义为 $n = c/v$,c 是光在真空中的速率,v 是光在介质中的速度.

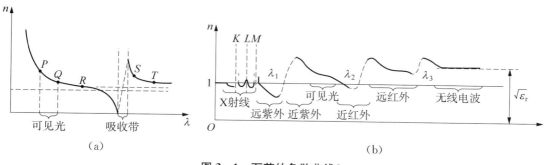

图 3-1 石英的色散曲线[*]

(a)石英的部分色散曲线;(b)石英的全波段色散曲线

图 3-1(b)中的实线段是介质的透明波段. 这一段的色散可以直接观察,称为正常色散,已被较为充分地从理论和实验方面研究过. 两正常色散段之间的虚线段是介质的不透

* Govind P. Agrawal,贾东方、葛春凤等译. 非线性光纤光学(第五版)[M].北京:电子工业出版社,2019.

明波段,也就是介质吸收入射光的波段,这一波段的色散称为反常色散.

为了进一步阐明光脉冲传播的快慢光现象,可以用光的色散理论进行分析.根据光的电磁理论,在同一频率的高频电场作用下,透明物质的介电常数 ε 与折光率 n 的关系为 $\varepsilon = n^2$,即 $n = \sqrt{\varepsilon} = \sqrt{1 + 4\pi\chi}$,这里 χ 是极化率

$$\chi = \frac{Ne^2/2m\omega_0}{(\omega_0 - \omega) - i\gamma}, \tag{3-5}$$

其中,介质的跃迁频率为 ω_0,2γ 是介质共振频率的半幅全宽线宽,e,m 分别是电子的电量和质量.当原子数密度 N 比较小时,也就是 χ 比较小时,折射率 $n = n' + in'' \approx 1 + 2\pi\chi$(折射率的虚部与被介质吸收掉的光能量的损耗有关),其实部和虚部分别为

$$n' = 1 + \frac{\pi Ne^2}{2m\omega_0\gamma} \frac{2(\omega_0 - \omega)\gamma}{(\omega_0 - \omega)^2 + \gamma^2} = 1 + \delta n^{(\max)} \frac{2(\omega_0 - \omega)\gamma}{(\omega_0 - \omega)^2 + \gamma^2}, \tag{3-6}$$

$$n'' = \frac{\pi Ne^2}{2m\omega_0\gamma} \frac{\gamma^2}{(\omega_0 - \omega)^2 + \gamma^2} = \delta n^{(\max)} \frac{\gamma^2}{(\omega_0 - \omega)^2 + \gamma^2}, \tag{3-7}$$

其中,$\delta n^{(\max)}$ 是折射率的最大偏移量.上述几个物理量的关系可以参见图 3-1.根据群折射率的表达式 $n_g = n'(\omega) + \omega \dfrac{dn'(\omega)}{d\omega}$(其实是群折射率的实部),可知群折射率的偏移量为

$$\delta n_g^{(\max)} = \frac{\omega\delta n^{(\max)}}{8\gamma}, \quad \delta n_g^{(\min)} = -\frac{\omega\delta n^{(\max)}}{\gamma}.$$

对于一般的原子气体而言,$\delta n_g^{(\max)}$ 可达 5×10^4,这对于群速度的影响是非常可观的.这表明频率处于这种原子气体共振频率附近的光在这种原子气体中的速度能够降低将近 5 个数量级.但必须指出的是,与此同时线性吸收系数 $\alpha = 2n''\omega/c$ 也达到了 10^{-4} cm 量级,损耗是相当大的.

从图 3-2 可以看到令人们感兴趣的是,折射率变化剧烈的地方正好是介质的吸收最强烈的地方.这一点从吸收系数的公式也可以清楚地看到.根据前面的公式易知,当入射光频率等于介质共振频率时,吸收系数 α 为

$$\alpha \approx \frac{4\pi\delta n^{(\max)}}{\lambda}, \tag{3-8}$$

可见折射率变化越大,吸收系数 α 就越大,快慢光现象也就不易被观测到.所以,直到 EIT 方法出现时,人们才显著地观测到快慢光现象.

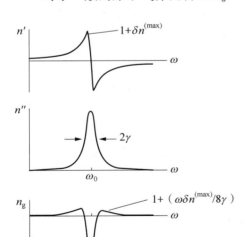

图 3-2　群折射率在共振介质中的变化*

* K. Song, M. Herráez, L. Thévenaz. Observation of pulse delaying and advancement in optical fibers using stimulated Brillouin scattering [J]. *Opt. Exp.*, 2005, 13: 82.

（四）K-K 关系

前面利用经典色散理论模型解释了共振介质中快慢光现象的成因. 事实上, 只要一个系统能够引起折射率随光频率剧烈变化, 就可以改变其中传播的光脉冲的群速度. 其实现原理可以用 K-K 关系描述, 表示如下:

$$\mathrm{Re}\,\varepsilon' - \varepsilon_0 = \frac{2}{\pi}P\int_0^\infty \frac{s\,\mathrm{Im}\varepsilon'(s)}{s^2-\omega^2}\mathrm{d}s, \tag{3-9}$$

$$\mathrm{Im}\,\varepsilon' = -\frac{2\omega}{\pi}P\int_{-\infty}^\infty \frac{\mathrm{Re}\varepsilon'(s)-\varepsilon_0}{s^2-\omega^2}\mathrm{d}s, \tag{3-10}$$

其中, 积分号前面的 P 表示取柯西主值. 可以看出, K-K 关系把介电常数的实部和虚部联系在一起. 由于介电常数的实部表示折射率, 虚部表示吸收（或增益）, 因此 K-K 关系也表征了材料的吸收（或增益）与折射率之间的关系.

当系统透射幅频特性有吸收峰时对应快光现象, 有增益峰时对应慢光现象, 如图 3-3 所示.

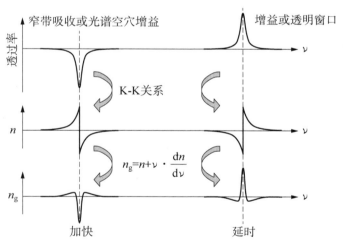

图 3-3　光纤中快慢光现象原理图

（五）超光速现象与因果律

爱因斯坦的相对论提出, 信息的速度不可能超过真空中的光速 c, 否则会产生违反因果律的一系列悖论. 超光速现象尤其是在实验上的观测确实引起一些争议, 但目前主流科学界仍然坚持这一结论的正确性. 需要指出的是, 所有超光速实验都是建立在讨论光群速度的超光速, 没有任何实验提出过信息的超光速现象.

早期, Sommerfeld 和 Brillouin 等物理学家尝试解决在色散介质中超光速现象与狭义相对论冲突的相关问题, 提出并引入了信号速度的概念. 他们指出, 在正常色散区域信号速度应该等于群速度, 但在反常色散情况下群速度大于真空光速, 这时真正意义上的信号速

度仍小于真空光速 c. 2001 年,在 L. J. Wang 实现超光速实验之后,所在课题组也研究了超光速传输中的信号速度,他们将信号速度建立在光信噪比的基础上. 结果显示,在群速度超光速的情况下,信号速度受到量子噪声的影响,仍旧小于 c. Stenner 等人利用非解析点方法证实,虽然信号的群速度出现了超光速,但非解析点的传播速度仍小于 c. 如图 3-4 所示,Boyd 在分析该问题时提出了前沿速度的模型,他指出任何光脉冲都存在一个"前沿",前沿取决于探测器和信号噪声. 在所有超光速实验中,尽管脉冲峰值位置的速度大于 c,但光前沿最大的速度不会大于 c.

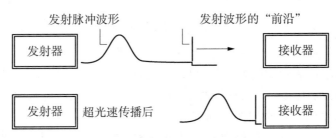

图 3-4 超光速实验中前沿速度*

光群速度的超光速现象是光的本质特性之一,然而,其并不违反狭义相对论,尽管光的群速度可以实现超光速传输,但探测超光速光脉冲信号需要的时间还是要长于真空中相同信号的探测时间,因此并不违背因果律. 事实上,基于光速调控的物理起源于 K-K 关系,是这一物理关系本质上遵循因果律而得到的结论.

(六) 受激布里渊散射快慢光

受激布里渊散射过程可以理解为布里渊泵浦通过电致伸缩产生声波,从而引起介质折射率的周期性调制,泵浦光被这种折射率调制光栅散射. 由于多普勒效应,散射光产生了频率下移,且频率改变的大小和光纤中光栅移动的声速有关. 从量子力学的角度去看,该散射过程可以视为一个泵浦光子的湮灭,同时产生了一个斯托克斯光子和一个声频声子. 由于在散射过程中能量和动量必须守恒,泵浦波、声波以及斯托克斯波之间的频率和波矢满足以下关系:

$$\Omega_B = \omega_p - \omega_s, \tag{3-11}$$

$$\boldsymbol{k}_A = \boldsymbol{k}_p - \boldsymbol{k}_s, \tag{3-12}$$

其中,ω_p 和 ω_s 分别为泵浦波和斯托克斯波的频率,$\boldsymbol{k}_p$ 和 $\boldsymbol{k}_s$ 分别是泵浦波和斯托克斯波的波矢,声波频率 Ω_B 和波矢 $\boldsymbol{k}_A$ 是满足色散关系的声波的频率和波矢.

$$\Omega_B = v_A |\boldsymbol{k}_A| \approx 2v_A |\boldsymbol{k}_p| \sin(\theta/2), \tag{3-13}$$

其中,θ 为泵浦波与斯托克斯波之间的夹角,$|\boldsymbol{k}_p| = 2\pi n/\lambda_p$,$n$ 为泵浦波长在 λ_p 处的折射率. 在计算过程中,利用了 $|\boldsymbol{k}_p| \approx |\boldsymbol{k}_s|$. 可以看出,斯托克斯波的频移与散射角有关:在后

---

* R. W. Boyd, D. J. Gauthier. Controlling the velocity of light pulses [J]. *Science*, 2009, 326:1074.

向,即 $\theta = \pi$ 时频移有最大值;而在前向,即 $\theta = 0$ 时频移为零. 在单模光纤中,只有前向、后向为相关方向,因此 SBS 仅发生在后向,且后向布里渊频移为

$$v_B = \Omega_B / 2\pi = 2n v_A / \lambda_p. \qquad (3-14)$$

对于石英光纤来说,取 $v_A = 5.96\,\text{km/s}$, $n = 1.45$, 在 $\lambda_p = 1\,550\,\text{nm}$ 附近,布里渊频移约为 11.1 GHz.

斯托克斯波的形成和放大可以通过布里渊增益系数来描述,在光纤中其增益谱具有洛伦兹谱线轮廓. 布里渊增益系数为

$$g_B(\Omega) = g_p \frac{(\Gamma_B / 2)^2}{(\Omega - \Omega_B)^2 + (\Gamma_B / 2)^2}, \qquad (3-15)$$

其中,Γ_B 是布里渊线宽,声波以 $\exp(-\Gamma_B t)$ 衰减,声子寿命 $\tau = 1/\Gamma_B$. 当 $\Omega = \Omega_B$ 时,布里渊增益系数的峰值为

$$g_p = g_B(\Omega_B) = \frac{2\pi^2 n^7 p_{12}^2}{c \lambda_p^2 \rho_0 v_A \Gamma_B},$$

其中,p_{12} 为纵向弹光系数,ρ_0 为材料密度.

光纤中 SBS 慢光的过程可以理解为探测光和泵浦光的共振相互作用. 当光纤被一束连续光泵浦,而反向传播的探测光的频率在泵浦光的斯托克斯共振频率附近,在小信号限制下(泵浦的损耗可以忽略不计),探测波(沿着 $+z$ 方向传播)的有效复折射率可以表示为

$$\tilde{n} = n_f - \mathrm{i}\frac{c}{\omega_s} \frac{g_p I_p}{1 - \mathrm{i}2\delta\omega/\Gamma_B}, \qquad (3-16)$$

其中,n_f 是光纤的折射率,I_p 为泵浦强度,$\delta\omega = \omega_s - \omega_p + \Omega_B$. 在光纤中,$\Gamma_B/2\pi$ 约为 30 MHz, 由于这里的共振线宽非常窄,因此为我们提供了一种新的控制光速的方法. 从(3-16)式可以看出,探测光有洛伦兹形式共振的增益及色散. 其中,增益系数 $g = -2(\omega/c)\mathrm{Im}(\tilde{n})$、折射率的实部 $n = \mathrm{Re}(\tilde{n})$ 以及群折射率 $n_g = n + \omega(\mathrm{d}n/\mathrm{d}\omega)$ 可以分别计算如下:

$$g(\omega) = \frac{g_p I_p}{1 + 4\delta\omega^2/\Gamma_B^2}, \qquad (3-17)$$

$$n(\omega) = n_f + \frac{c g_p I_p}{\omega} \frac{\delta\omega/\Gamma_B}{1 + 4\delta\omega^2/\Gamma_B^2}, \qquad (3-18)$$

$$n_g(\omega) = n_{fg} + \frac{c g_p I_p}{\Gamma_B} \frac{1 - 4\delta\omega^2/\Gamma_B^2}{(1 + 4\delta\omega^2/\Gamma_B^2)^2}, \qquad (3-19)$$

其中,n_{fg} 为没有 SBS 效应时光纤的群折射率.

当探测波的光谱主要成分落在 SBS 共振区域时,群延迟(取其为存在和不存在 SBS 慢光效应时脉冲群延迟之差)可以表示为

$$\Delta T_{\mathrm{d}} = \frac{G}{\Gamma_{\mathrm{B}}} \frac{1 - 4\delta\omega^2/\Gamma_{\mathrm{B}}^2}{(1 + 4\delta\omega^2/\Gamma_{\mathrm{B}}^2)^2}. \tag{3-20}$$

当 $4\delta\omega^2/\Gamma_{\mathrm{B}}^2 \ll 1$ 时,上式约等于 $\dfrac{G}{\Gamma_{\mathrm{B}}}(1 - 12\delta\omega^2/\Gamma_{\mathrm{B}}^2)$. 其中,$G = g_{\mathrm{p}} I_{\mathrm{p}} L$ 为增益系数,e^{G} 为小信号的增益,L 为 SBS 相互作用光纤长度. 当布里渊增益达到峰值时,获得最大延迟

$$\Delta T_{\mathrm{dmax}} = G/\Gamma_{\mathrm{B}}. \tag{3-21}$$

从上式可以看出,通过控制泵浦光强,可以实现光控群延迟.

此外,若探测波频率为反斯托克斯频率,由于 SBS 效应会存在很窄的共振吸收谱,探测波会得到很大的反常色散,因此通过 SBS 效应还可以实现超快光乃至负群速度($v_{\mathrm{g}} > c$ 或 $v_{\mathrm{g}} < 0$).

SBS 快慢光的基本原理可以用图 3-5 来进行简单描述. 如图 3-5(a)所示,信号光和泵浦光从相反的方向入射光纤,当信号光频率不在 SBS 共振作用频率范围之内时,群延迟未发生改变;如图 3-5(b)所示,当信号光频率等于斯托克斯频率时,信号光被延迟,同时由于布里渊增益,信号光被放大;如图 3-5(c)所示,当信号光频率等于反斯托克斯频率时,信号

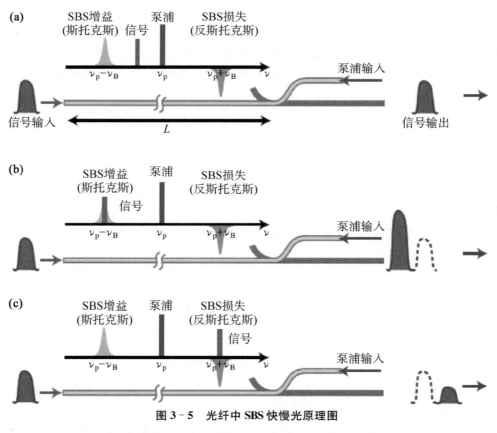

图 3-5　光纤中 SBS 快慢光原理图

(a)群延迟未发生改变;(b)信号光被延迟、被放大;(c)信号光被加快、被衰减

光将会在加快的同时被衰减.

实验装置如图 3-6 所示,可调谐激光器的输出被电光调制器调制后由 EDFA 放大,通过环形器进入 10 m 长的单模光纤,输入光的 5% 由一个 5:95 的耦合器分出,通过端口 1 用以检测入射光强. 斯托克斯光经由环形器输出,其中分出 10% 通过端口 2 用以检测斯托克斯光强,剩余的 90% 进入单模光纤,用以提高受激布里渊散射的效率. 信号光由端口 3 输出,进入示波器观测其提前量的变化. 在实验中,正弦函数发生器的输出一路作为电光调制器的调制信号,另外一路作为示波器的触发信号.

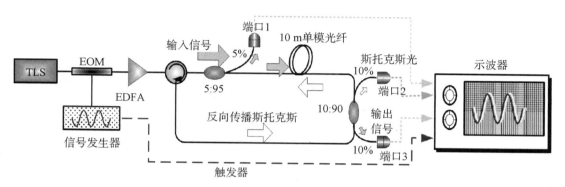

图 3-6　布里渊激光器自加快快光实验结构[*]

四、实验内容

(一)计算布里渊阈值

对环形谐振腔,布里渊阈值 P_{th} 的计算公式为

$$R_m \exp(g_B P_{th} L_{eff}/A_{eff} - \alpha L) = 1. \tag{3-22}$$

仍然以 $L=50\,km$ 和 $L=1\,m$ 两种情况计算反馈环腔中的布里渊阈值. 假设光纤耦合器的耦合系数 R_m 为 0.5,可得下列结果:当 $L=50\,km$ 时,布里渊阈值 $P_{th}=0.15\,mW$;当 $L=1\,m$ 时,布里渊阈值 $P_{th}=0.693\,W$.

(二)计算加快时间、传输时间、群速度与群折射率

考虑斯托克斯光信号通过长度为 L 的光纤时,在没有受激布里渊散射时的正常传输时间为 $T_f = L n_{fg}/c$,可知受激布里渊散射过程中信号光传输时间为

$$T = T_f + \frac{g_0 I_p L}{\Gamma_B} \frac{1 - 4(\omega - \omega_p + \Omega_B)^2/\Gamma_B^2}{[1 + 4(\omega - \omega_p + \Omega_B)^2/\Gamma_B^2]^2}. \tag{3-23}$$

* L. Zhang, L. Zhan, K. Qian, J. Liu, Q. Shen, X. Hu, et al.. Superluminal propagation at negative group velocity in optical fibers based on Brillouin lasing oscillation [J]. *Phy. Rev. Lett.*, 2011, 107:093903.

对普通单模光纤，$n_{\mathrm{fg}}=1.45$，$g_0=5\times10^{-11}\,\mathrm{m/W}$，$\Gamma_{\mathrm{B}}/2\pi=30\,\mathrm{MHz}$，信号光通过 $10\,\mathrm{m}$ 长单模光纤的时延为 $T_{\mathrm{d}}=n_{\mathrm{fg}}L/c=48.6(\mathrm{ns})$，$c=3\times10^8(\mathrm{m/s})$．

存在和不存在 SBS 效应时，脉冲群延迟（加快）之差可以表示为

$$\Delta T_{\mathrm{d}}=\frac{G}{\Gamma_{\mathrm{B}}}\,\frac{1-4\delta\omega^2/\Gamma_{\mathrm{B}}^2}{(1+4\delta\omega^2/\Gamma_{\mathrm{B}}^2)^2},\tag{3-24}$$

当 $4\delta\omega^2/\Gamma_{\mathrm{B}}^2\ll1$ 时，上式约等于

$$\Delta T_{\max}\approx\frac{G}{\Gamma_{\mathrm{B}}},$$

其中，$G=g_{\mathrm{p}}I_{\mathrm{p}}L$ 为增益系数，I_{p} 为泵浦光强，通过控制泵浦光强实现光速可控．

传输时间为

$$T_{\mathrm{d}}=\frac{nL}{c}-\Delta T_{\mathrm{d}}=\frac{nL}{c}-\frac{g_{\mathrm{p}}I_{\mathrm{p}}L}{\Gamma_{\mathrm{B}}}.\tag{3-25}$$

群速度为

$$v_{\mathrm{g}}=\frac{L}{T_{\mathrm{d}}}=\frac{L}{\dfrac{nL}{c}-\dfrac{g_{\mathrm{p}}I_{\mathrm{p}}L}{\Gamma_{\mathrm{B}}}}=\frac{1}{\dfrac{n}{c}-\dfrac{g_{\mathrm{p}}I_{\mathrm{p}}}{\Gamma_{\mathrm{B}}}}\tag{3-26}$$

群折射率为

$$n_{\mathrm{g}}=\frac{c}{v_{\mathrm{g}}}=c\cdot\left(\frac{n}{c}-\frac{g_{\mathrm{p}}I_{\mathrm{p}}}{\Gamma_{\mathrm{B}}}\right)=n-\frac{g_{\mathrm{p}}I_{\mathrm{p}}}{\Gamma_{\mathrm{B}}}\cdot c=n(\omega)+\omega\frac{\mathrm{d}n}{\mathrm{d}\omega}.\tag{3-27}$$

群速度与群折射率的关系为

$$v_{\mathrm{g}}=\frac{c}{n(\omega)+\omega\dfrac{\mathrm{d}n}{\mathrm{d}\omega}}\left(\frac{\mathrm{d}n(\omega)}{\mathrm{d}\omega}>0,\text{慢光};\frac{\mathrm{d}n(\omega)}{\mathrm{d}\omega}<0,\text{快光}\right).$$

n_{g}，v_{g} 及其所对应的现象关系如表 3-1 所示．

表 3-1　n_{g}，v_{g} 及其所对应的现象关系

n_{g0}	$n_{\mathrm{g}}(1.46+\mathrm{d}n/\mathrm{d}\omega)$	v_{g}	现象
1.46	$1.46<n_{\mathrm{g}}$	$<c$	慢光
1.46	$1<n_{\mathrm{g}}<1.46$	$<c$	快光
1.46	$0<n_{\mathrm{g}}<1(0.318)$	$>c(3.14c)$	超光速
1.46	$-1<n_{\mathrm{g}}<0(-0.204)$	$>c(-4.902c)$	负群速度
1.46	$n_{\mathrm{g}}<-1(-6.636)$	$<c(-0.151c)$	负群速度

五、实验步骤

步骤 1　将可调谐激光器连接偏振控制器 1 输入端口,再连接电光调制器输入端口,如图 3-7 所示.

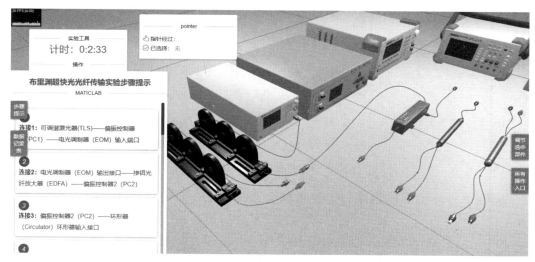

图 3-7　步骤 1 实验操作界面

步骤 2　将电光调制器输出端口连接掺铒光纤放大器输入端口,再连接偏振控制器 2 输入端口,如图 3-8 所示.

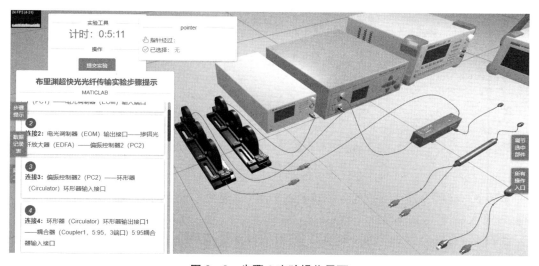

图 3-8　步骤 2 实验操作界面

步骤 3　将偏振控制器 2 连接环形器输入端口,如图 3-9 所示.

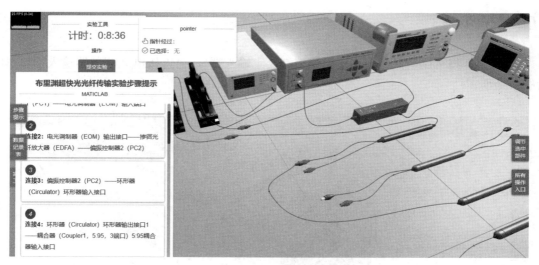

图 3-9　步骤 3 实验操作界面

　　步骤 4　将环形器输出端口 1 连接耦合器 1(5∶95，3 端口)输入端口，如图 3-10 所示.

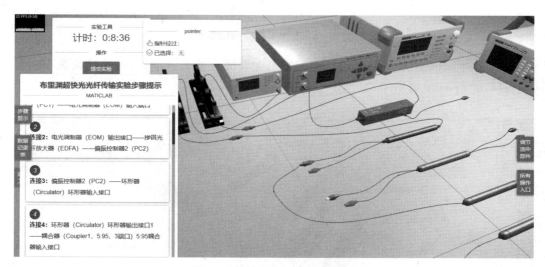

图 3-10　步骤 4 实验操作界面

　　步骤 5　将耦合器 1(5∶95，3 端口)输出端口 2 连接单模光纤，再连接耦合器 2(10∶90，4 端口)输入端口 1，如图 3-11 所示.

　　步骤 6　将耦合器 1(5∶95，3 端口)输出端口 1 连接示波器输入端口 CH1，如图 3-12 所示.

　　步骤 7　将环形器输出端口 2 连接耦合器 2(10∶90，4 端口)输入端口 2，如图 3-13 所示.

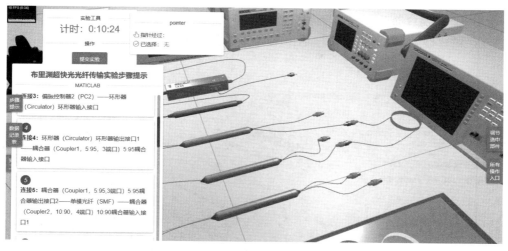

图 3 - 11　步骤 5 实验操作界面

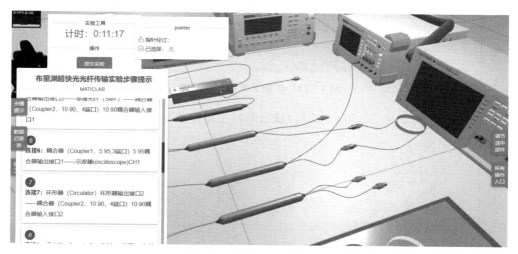

图 3 - 12　步骤 6 实验操作界面

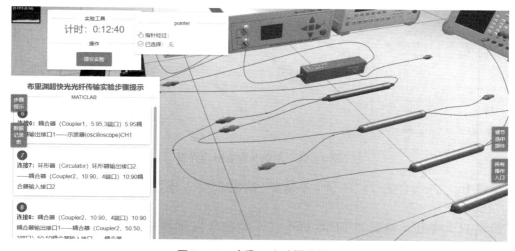

图 3 - 13　步骤 7 实验操作界面

步骤 8 将耦合器 2(10:90，4 端口)输出端口 1 连接耦合器 2(50:50，3 端口)输入端口，再连接耦合器 2(50:50，3 端口)输出端口 2，再连接光谱仪输入端口 CH1，如图 3 - 14 所示.

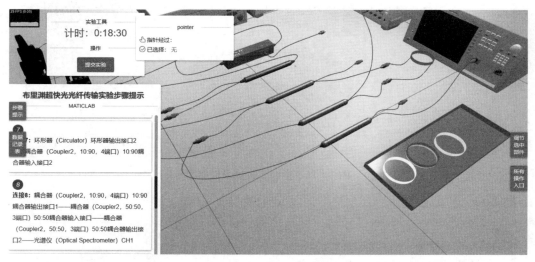

图 3 - 14　步骤 8 实验操作界面

步骤 9 将耦合器 2(50:50，3 端口)输出端口 1 连接示波器输入端口 CH2，如图 3 - 15 所示.

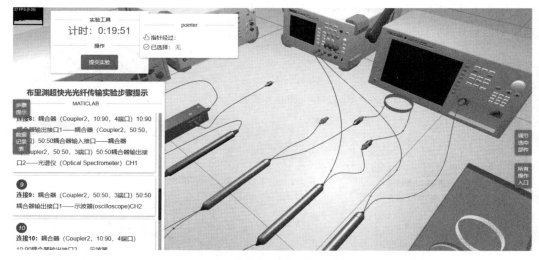

图 3 - 15　步骤 9 实验操作界面

步骤 10 将耦合器 2(10:90，4 端口)输出端口 2 连接示波器输入端口 CH3，如图 3 - 16 所示.

步骤 11 将电光调制器 FF 端口连接函数信号发生器输入端口 CH1，如图 3 - 17 所示.

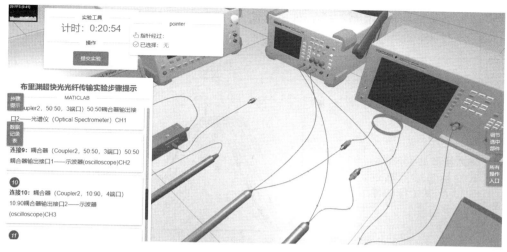

图 3 - 16　步骤 10 实验操作界面

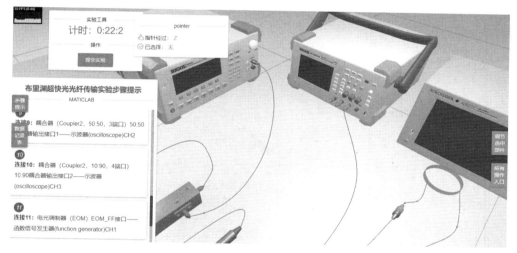

图 3 - 17　步骤 11 实验操作界面

六、数据记录与处理

1. 实验数据记录如表 3 - 2 所示.

表 3 - 2　实验数据记录

序列	步骤	数据记录	分值（分）
1	布里渊阈值		10
2	加快时间		10
3	传输时间		10
4	群速度与群折射率		10

* 实验数据记录满分为 40 分.

2. 根据导出的数据,用 Origin 软件绘制图像,如表 3-3 所示.

表 3-3 用 Origin 软件绘制图像

序列	参数	绘制图像	分值(分)
1	输入波形及在不同斯托克斯功率下通过 10 m 单模光纤的输出波形	图像 1*	20
2	信号提前量随斯托克斯光功率变化	图像 2*	10
3	群速度及群折射率随斯托克斯光功率的变化	图像 3*	10

注:实验数据处理满分为 40 分.

---

* L. Zhang, L. Zhan, K. Qian, J. Liu, Q. Shen, X. Hu, et al.. Superluminal propagation at negative group velocity in optical fibers based on Brillouin lasing oscillation [J]. *Phy. Rev. Lett.*, 2011, 107:093903.

七、实验拓展

　　光群速度的超光速现象是光的本质特性之一,然而,其并不违反狭义相对论.尽管光的群速度可以实现超光速传输,但探测超光速光脉冲信号需要的时间还是要长于真空中相同信号的探测时间,因此并不违背因果律.事实上,基于光速调控的物理原理起源于 K－K 关系,这一物理关系本质上是遵循因果律而得到的结论.

八、实验思考

　　1. 描述色散关系对群速度的影响.
　　2. 根据群折射率在共振介质中的变化,简述快光产生的原因.
　　3. 计算环形谐振腔的布里渊阈值.
　　4. 根据实验记录布里渊阈值、加快时间与传输时间,计算布里渊频移、群速度与群折射率.

本章参考文献

［1］ M. Bigelow, N. Lepeshkin, R. Boyd. Observation of ultraslow light propagation in a ruby crystal at room temperature ［J］. *Phy. Rev. Lett.*, 2003, 90:113903.

［2］ K. Song, M. Herráez, L. Thévenaz. Observation of pulse delaying and advancement in optical fibers using stimulated Brillouin scattering ［J］. *Opt. Exp.*, 2005, 13:82.

［3］ Y. Okawachi, M. S. Bigelow, J. E. Sharping, Z. Zhu, A. Schweinsberg, D. J. Gauthier, et al.. Tunable all-optical delays via Brillouin slow light in an optical fiber ［J］. *Phy. Rev. Lett.*, 2005, 94:153902.

［4］ O. Kocharovskaya, Y. Rostovtsev, M. Scully. Stopping light via hot atoms ［J］. *Phy. Rev. Lett.*, 2001, 86:628.

［5］ L. Brillouin, N. Chako. Wave propagation and group velocity ［J］. *Phy. Today*, 1961, 14:62.

［6］ C. Garrett, D. McCumber. Propagation of a Gaussian light pulse through an anomalous dispersion medium ［J］. *Phy. Rev. A*, 1970, 1:305.

［7］ D. Mugnai, A. Ranfagni, R. Ruggeri. Observation of superluminal behaviors in wave propagation ［J］. *Phy. Rev. Lett.*, 2000, 84:4830.

［8］ H. Chang, D. Smith. Gain-assisted superluminal propagation in coupled optical resonators ［J］. *J. Opt. Soc. Am. B*, 2005, 22:2237.

［9］ K. Y. Song, K. S. Abedin, K. Hotate. Gain-assisted superluminal propagation in tellurite glass fiber based on stimulated Brillouin scattering ［J］. *Opt. Exp.*, 2008,

16:225.

[10] M. Gonzalez-Herraez, K. Song, L. Thevenaz. Optically controlled slow and fast light in optical fibers using stimulated Brillouin scattering [J]. *Appl. Phy. Lett.*, 2005,87:081113.

[11] L. Zhang, L. Zhan, K. Qian, J. Liu, Q. Shen, X. Hu, et al.. Superluminal propagation at negative group velocity in optical fibers based on Brillouin lasing oscillation [J]. *Phy. Rev. Lett.*, 2011,107:093903.

[12] L. Zhang, L. Zhan, M. Qin, T. Wang, J. Liu. Enhanced negative group velocity propagation in a highly nonlinear fiber cavity via lased stimulated Brillouin scattering [J]. *Opt. Eng.*, 2014,53:102702.

[13] D. Deng, W. Gao, M. Liao, Z. Duan, T. Cheng, T. Suzuki, et al.. Negative group velocity propagation in a highly nonlinear fiber embedded in a stimulated Brillouin scattering laser ring cavity [J]. *Appl. Phy. Lett.*, 2013,103:251110.

[14] R. W. Boyd, D. J. Gauthier. Controlling the velocity of light pulses [J]. *Science*, 2009,326:1074.

[15] F. A. Jenkins, H. E. White. *Fundamentals of Optics* [M]. New York: McGraw Hill, 1957.

[16] R. W. Boyd, D. J. Gauthier. "Slow" and "fast" light [J]. *Progress in Optics*, 2002,43:497.

[17] R. D. Kronig. On the theory of dispersion of X-rays [J]. *J. Opt. Soc. Am*, 1926, 12:1917.

[18] H. A. Kramers. La diffusion de la lumiere par les atomes [J]. *Atti Cong. Intern. Fisica Como.*, 1927,2:545.

[19] J. S. Toll. Causality and the dispersion relation: logical foundations [J]. *Phy. Rev.*, 1956,104:1760.

[20] D. Hutchings, M. Sheik-Bahae, D. Hagan, E. Van Stryland. Kramers-Krönig relations in nonlinear optics [J]. *Opt. Quant. Electron*, 1992,24:1.

[21] H. Yum, M. Shahriar. Pump-probe model for the Kramers-Kronig relations in a laser [J]. *J. Opt.*, 2010,12:104018.

[22] A. Kuzmich, A. Dogariu, L. Wang, P. Milonni, R. Chiao. Signal velocity, causality, and quantum noise in superluminal light pulse propagation [J]. *Phy. Rev. Lett.*, 2001,86:3925.

[23] M. Stenner, D. Gauthier, M. Neifeld. The speed of information in a "fast-light" optical medium [J]. *Nature*, 2003,425:695.

[24] M. Stenner, D. Gauthier, M. Neifeld. Fast causal information transmission in a medium with a slow group velocity [J]. *Phy. Rev. Lett.*, 2005,94:053902.

诺贝尔奖相关光学经典实验模块

第 **4** 章
瞬态分子精密光谱实验

一、实验目的

1. 理解瞬态分子的概念以及制备的方法.
2. 掌握瞬态分子光谱测量技术.
3. 掌握分子光谱结构特征以及光谱指认识别.
4. 了解瞬态原子分子光谱的应用背景和应用潜力.

二、实验仪器

532 nm 激光器、可调谐钛宝石激光器、水冷机、放电管、机械泵、高压放电装置、碘蒸汽池、探测器、光学斩波器、电光调制器、前置放大器、射频信号发生器、锁相放大器、计算机.

三、实验原理

光谱学是一门涉及物理学和化学的重要交叉学科. 不同的原子和分子有各自独特的光谱,光谱和物质有一一对应关系. 通过光谱可以研究电磁波与物质之间的相互作用. 例如,利用光谱研究,可以解析原子与分子的能级与几何结构,构建和完善光谱理论,研究特定化学过程的反应速率,指认物质成分,做定性和定量分析,研究基础物理问题. 从激光被发现以来,光谱学处于高速发展的崭新时期,产生了高分辨率、高灵敏度、高精度的光谱技术,使得人们能够对更多的原子分子进行更精密的测量研究. 历经长期的光谱学研究,人们对稳定分子,特别是大气分子的光谱已经有充分认识. 但迄今为止,人们对瞬态分子的了解还不充分. 瞬态分子包括自由基、激发态分子、分子离子,它们存在于燃烧过程、星际空间以及高温高压极限大气环境中. 虽然瞬态分子的浓度很低,但它们的化学活性很强,参与复杂的物理化学反应. 了解瞬态分子光谱,有助于监控它们在反应过程中的浓度和参与的过程信息,从而对反应过程进行操控.

（一）瞬态原子分子

光谱是获知微观粒子体系信息的最直接手段,人类对原子分子结构的认识大都来源于光谱学的研究. 光谱学对原子分子物理学、化学、分子生物学、光电子学、环境科学和材料科学等相关学科的发展起了巨大的推动作用.弗朗和费尔发明的衍射光栅为人类光谱学的研究提供了物质基础,随后基尔霍夫和本生利用光栅发现了元素特征谱线,开始了真正意义上的光谱测量.19 世纪末 20 世纪初,随着原子光谱测量的发展,从而建立起原子物理,进而催生了量子力学,开创了物理学的新纪元.分子光谱学的研究始于 20 世纪 20 年代,随着分子光谱学的不断发展,分子物理学也应运而生.从 1960 年人类发明第一台激光器至今,激光光谱技术日新月异.随着激光光谱技术的发展,人类也不断地突破自己的认识极限.而在众多光谱研究领域中,瞬态分子的光谱研究是其中一个非常具有意义和挑战的课题.瞬态分子包括自由基分子、激发态分子、离子分子、里德堡态分子和准分子等,具有寿命短、化学活性强和浓度极低等特点.瞬态分子广泛存在于等离子体放电、燃烧过程、星际空间和化学反应的中间过程中,因而瞬态分子光谱学对于分子结构、宇宙和星际演化、等离子体放电动力学和化学反应动力学的研究具有重要的意义.

(二) 瞬态分子生成系统

本实验所使用的瞬态分子生成系统是一套低温等离子体放电装置,主要由高压放电系统和真空系统两部分组成.

真空系统主要由机械泵、配气部分和放电管组成.实验中机械泵抽速为 16 L/s,放电管为长 60 cm、直径 1 cm 的石英管,放电管两端是石英玻璃窗片,放电管放置在水冷衬套中.瞬态分子的生成浓度与机械泵的抽速和系统的真空度有很大的关系,由于瞬态分子的寿命比较短,实验系统的真空度越高、抽速越快,就不断有新鲜样品气体流入,这样就会大大提高瞬态分子的生成效率.在相同的实验条件下,用抽速为 16 L/s 的机械泵生成瞬态分子的效率要比用抽速为 8 L/s 的机械泵提高 2 倍以上.如果样品中含有 C, S, P 等污染性重的元素,实验进行一段时间后要及时更换机械泵油,不然就会影响真空度,会降低瞬态分子的生成效率.同时,实验进行一段时间后还要更换被污染的放电管和窗片.实验中的极限真空为 3 Pa.由于高压放电系统的功率比较大,因此放电管要放置在水冷衬套中,以保证放电管的安全和降低瞬态分子的平动温度,通过对光谱的拟合得到放电管内瞬态分子的平动温度约为 500 K.根据等离子体放电动力学原理可知,瞬态分子的生成效率与样品气体和载气的气体气压配比有很大的关系.

高压放电系统由信号发生器、声频功率放大器和高压变压器组成.实验中采用锁相放大器的内部信号源作为信号发生器,其输出 23 kHz 的正弦交流信号经过声频功率放大器(2.5 kW)进行功率放大,再经高压变压器升压 30 倍,最终加载在放电管两端的电极上.放电管两端的高压电压大概有 3 kV,电流为 400 mA.实验中通过检测跨接在放电回路中的 1 Ω 电阻放电电流,它反映了放电管中产生离子和电子量的多少.受限于功率放大器的输出功率和变压器承受的最大电流,最大放电电流不超过 600 mA.为了减小高压放电系统对探测器、解调系统(双平衡解调器 DBM 和锁相放大器)以及激光伺服系统的干扰,实验中要做好接地和屏蔽工作,让探测器尽量远离放电管.

(三) 瞬态分子激光测量技术

1. 激光吸收光谱测量技术
吸收光谱测量方法是光谱学中非常重要和被广泛应用的测量技术.根据朗伯定律

$$I = I_0 e^{-aL},$$

其中,I 是吸收光强,I_0 是通过光强,α 是样品的吸收系数,L 是有效光程,由于激光的光强较强,因此用激光作为光源无疑提高了吸收光强. 通过上面的公式可以看出,增加吸收程也能提高吸收. 典型的增加光程的技术有怀特池、激光腔内增强、外腔增强光谱、腔衰荡光谱(CRDS)和离轴积分腔增强光谱.

单纯采用吸收光谱方法时,透射光中包含很强的背景信号,再加上激光的幅度涨落噪声,使得背景信号存在很大的起伏. 例如,燃料激光器的噪声起伏可以达到 5×10^{-2},而很多瞬态分子的吸收率要远低于 10^{-2},所以,要测量瞬态分子的吸收光谱就要把噪声降低几个数量级. 降低噪声的方法有两类:一类是通过外场调制,其中最为成功的技术就是频率调制. 因为激光的幅度涨落噪声与频率有关,当频率大于 $1\,\mathrm{MHz}$ 时,其闪烁噪声可以降低到量子噪声极限,极大地提高了探测灵敏度. 另一类是内调制,这类调制与被测对象跃迁谱线有关. 例如,有速度调制、浓度调制和塞曼调制等. 速度调制技术是由加州大学伯克利分校的Saykally 教授和芝加哥大学 Oka 教授等人在 20 世纪 80 年代研制成功的,此技术是根据带电粒子在交流电场中的多普勒效应,把中性分子信号剔除,将分子离子信号检测出来. 到目前为止,此技术是测量分子离子光谱最为成功的技术.

2. 速度调制光谱技术

在放电过程中,离子的生成浓度要比中性分子低几个量级,如果离子的光谱与中性分子的光谱重合在一起,就很容易被淹没,在这种情况下,指认离子光谱的跃迁基本上是不可能的. 直到 1983 年 Saykally 和 Oka 等人提出速度调制光谱技术,才解决了分子离子光谱测量这一难题. 实验装置如图 4-1 所示. 实验利用 532 nm 激光泵浦的可调谐钛宝石连续激光作为光源. 连续激光经电光调制器进行相位调制. 连续激光通过放电管,并经探测器接收获得吸收光谱. 放电管由水冷套管组成,两端有铜电极,外接交流高压电源,用于对放电管内的流动气体放电,形成放电等离子,以基于稳定气体分子形成自由基、离子、原子以及激发态原子分子. 探测器测量到的信号,首先经双平衡混合器进行相位调制解调,然后送入锁相放大器,以放电频率为参考,进行速度调制光谱测量.

在电场中,正离子向负极漂移,负离子向正极运动. 若离子在电场作用下产生漂移,漂移速度为 $v_D = KE$,K 是粒子的迁移率,E 是电场强度,则引起的多普勒频率移动为 $\Delta\omega = \omega - \omega_0 = \omega_0(v_D/c)$,$\omega_0$ 为瞬态分子在不受到电场调制下的跃迁频率,c 为光速. 在交流放电电场作用下,离子在放电管中做往返运动,探测器所观测到的光谱跃迁频率为 $\omega = \omega_0 \pm \omega_0(v_D/c)$,往返频率与放电频率一致. 若信号用锁相放大器进行同频(与放电频率相同)解调,就可以抑制中性分子的信号,而只对离子信号进行选择性测量,因为中性分子的运动不受电场的影响. 由调制解调原理可知,当激光扫描经过一条吸收谱线时,可以获得分子离子跃迁谱线. 此外,由于正离子和负离子的运动方向相反,会产生相位相反的光谱信号,从而可以把正负离子区分开来,进一步实现选择性测量.

3. 浓度调制光谱技术

瞬态分子的浓度与放电电压大小的绝对值有关,在一个交流放电过程中,瞬态分子(离

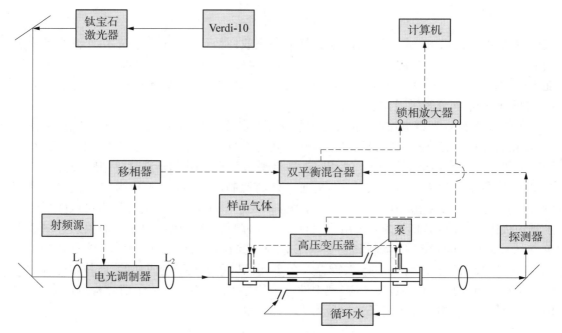

图 4 - 1 光外差速度调制光谱实验示意图[*]

子或中性分子)的浓度原则上被调制 2 次. 在速度调制测量中,把锁相放大器的参考频率变为 2 倍的放电频率(即 2f),就可以观测瞬态分子的信号. 中性分子的浓度远高于离子分子的浓度,因此观测到的谱线主要来自中性分子. 浓度调制与斩光器调制类似,观测到的光谱线型为零次微分线型.

浓度调制与瞬态分子的寿命有关,调制频率太高会导致分子的浓度在每个放电周期中的变化不明显,从而影响调制深度. 但大部分瞬态分子,尤其是分子离子寿命很短,即使在 50 kHz 放电频率下,浓度依然可以被充分地调制. 瞬态分子的寿命不同,还导致它们在锁相放大器解调过程中最佳相位不同,在测量 He_2 光谱时,发现 He_2 光谱的相位同 Ar 原子光谱的相位刚好相反. 于是,在浓度调制光谱中,可以通过测量光谱的最佳相位判断光谱是否来源一致,这也是一种选择测量方法.

4. 光外差探测技术

光外差探测技术是进一步提高吸收光谱测量灵敏度的一个非常有效的方法. 在有些文献中它也被称为频率调制光谱技术("frequency modulation spectroscopy"),但它与纯粹的频率调制还是有所区别.

连续的单模激光器(如钛宝石激光器)的幅度涨落噪声主要是闪烁噪声,频谱分布如图 4 - 2 所示. 当选择大于 1 MHz 的调制频率时,可以消除激光的闪烁噪声,达到散粒噪声极限(量子噪声),光外差探测技术就是基于这种做法.

---

[*] James N. Hodges, Benjamin J. McCall. Quantitative velocity modulation spectroscopy [J]. *J. Chem. Phys.*, 2016, 144, 184201.

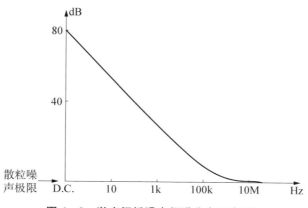

图 4-2　激光闪烁噪声频谱分布示意图[*]

光外差探测技术是一种无本底的高灵敏吸收光谱技术. 如果采用很高的射频调制频率（几十到几百兆赫），光谱灵敏度能提高 4～5 个数量级，达到散粒噪声的探测极限.

（四）双原子分子转动光谱的基本理论

假设组成分子的两原子在转动中过程中核距不发生变化，转动能级可以写成

$$E_J = BJ(J+1), \quad J = 0, 1, 2, 3\cdots, \tag{4-1}$$

B 称为转动常数，J 是转动量子数. 转动常数 B 与转动惯量 I 和核间距有关，

$$B = \frac{\hbar}{2I} = \frac{\hbar^2}{2\mu r^2}. \tag{4-2}$$

由于离心力的作用，分子转动时平均核间距会增加. 考虑离心畸变效应，分子真实的转动能量可以写成

$$F(J) = B_v J(J+1) - D_v [J(J+1)]^2 + \cdots, \tag{4-3}$$

D 叫做离心修正项，其中，

$$B_v = B_e - \alpha_e \left(v + \frac{1}{2}\right) + \gamma_e \left(v + \frac{1}{2}\right)^2 + \cdots, \tag{4-4}$$

$$D_v = D_e + \beta_e \left(v + \frac{1}{2}\right) + \cdots, \tag{4-5}$$

B_e，α_e，γ_e，β_e 和 α_e 称为平衡转动常数.

允许跃迁的 R 支（$\Delta J = 1$）、Q 支（$\Delta J = 0$）和 P 支（$\Delta J = 0$）的谱线位置可以近似标识如下：

$$\nu_R = \nu_0 + 2B' + (3B' - B'')J + (B' - B'')J^2, \tag{4-6}$$

---

[*]　James N. Hodges, Benjamin J. McCall. Quantitative velocity modulation spectroscopy [J]. *J. Chem. Phys.*, 2016, 144, 184201.

$$\nu_Q = \nu_0 + (B' - B'')J + (B' - B'')J^2, \tag{4-7}$$

$$\nu_P = \nu_0 - (B' + B'')J + (B' - B'')J^2, \tag{4-8}$$

其中,上标"'"的分子常数表示上态,上标"''"的分子常数表示下态,J 表示下态的转动量子数.

同一支带的两条相邻谱线频率位置相减叫做一次逐差,即 $\Delta_1 F(J) = \nu(J+1) - \nu(J)$,$R$ 支、Q 支和 P 支的谱线一次逐差分别为

$$\Delta_1 F(J)^R = 4B' - 2B'' + 2J(B' - B''), \tag{4-9}$$

$$\Delta_1 F(J)^Q = 2B' - 2B'' + 2J(B' - B''), \tag{4-10}$$

$$\Delta_1 F(J)^Q = 4B' - 2B'' + 2J(B' - B''). \tag{4-11}$$

一次逐差后得到频率是转动量子数 J 的一次函数.在一次逐差的基础上进一步逐差,即二次逐差 $\Delta_2 F(J) = \Delta_1 F(J+1) - \Delta_1 F(J)$.显然,无论是 R 支、Q 支还是 P 支,二次逐差得到的都是 $\Delta_2 F(J) = 2(B' - B'')$,即上下态转动常数差的 2 倍.如果再做一次逐差,三次逐差的结果就近似为零.通过二次逐差可以看出,若谱线属于同一支带,则二次逐差就为一常数,即 $\Delta_2 F(J) = 2(B' - B'')$,这是标识光谱的依据.

利用并合差的关系,判断每一支带的归属.然后,把 R 支和 P 支逐差,

$$\Delta X_1(J) = R(J) - P(J). \tag{4-12}$$

再把 $\Delta X_1(J)$ 的逐差关系式求出,即

$$\Delta X_2(J) = \frac{\Delta X_1(J+1) - \Delta X_1(J)}{4} \approx B', \tag{4-13}$$

$$\Delta X_3(J) = \frac{\Delta X_1(J)}{\Delta X_1(J+1) - \Delta X_1(J)} \approx J + \frac{1}{2}, \tag{4-14}$$

获得上态的转动常数和转动量子数 J.也可以采用另一种逐差方法,

$$\Delta Y_1(J) = R(J-1) - P(J+1), \tag{4-15}$$

再求 $\Delta Y_1(J)$ 逐差关系式,

$$\Delta Y_2(J) = \frac{\Delta Y_1(J+1) - \Delta Y_1(J)}{4} \approx B'', \tag{4-16}$$

$$\Delta Y_3(J) = \frac{\Delta Y_1(J)}{\Delta Y_1(J+1) - \Delta Y_1(J)} \approx J + \frac{1}{2}. \tag{4-17}$$

四、实验内容

(一) 准备激光器和调整光路

1. 开启 532 nm 泵浦光,设置功率到 8 W,泵浦钛宝石激光器.

2. 开启钛宝石激光器.

3. 让钛宝石激光分束后,一路通过碘蒸汽池,另一路通过电光调制器、吸收池,到达探测器.

4. 将探测器输出信号送到混频器,然后再送到锁相放大器,锁相放大器解调信号送到计算机采集.

5. 通过碘蒸汽的光路到达探测器后,送到锁相放大器解调,解调后送入计算机采集.

(二)瞬态分子的制备

1. 对放电管抽真空,检测气密性.
2. 在放电管中配置氩气和碘蒸汽.
3. 开启水冷机.
4. 对放电管进行放电.

(三)瞬态分子光谱的测量及性质与应用探究

1. 选择锁相放大器参考频率,选择浓度调制或者速度调制光谱.
2. 利用碘蒸汽光谱对所测量光谱进行频率校对.
3. 对测量到的光谱进行定性和光谱学指认.

五、实验步骤

步骤 1　开启钛宝石激光器的泵浦源 Verdi - 10(拖动放置或者光路连接).

如图 4 - 3 所示,Verdi - 10 是发射波长为 532 nm 的固体激光器,输出最大功率为 10 W. Verdi - 10 激光器为钛宝石激光器(型号为"899 - 29")的泵浦源.

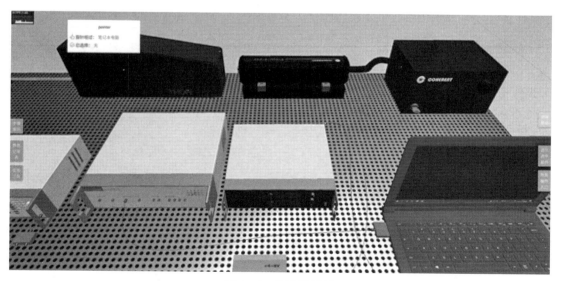

图 4 - 3　实验装置图

钛宝石激光器有三要素:增益介质是钛宝石,激励源是 Verdi - 10 激光器,谐振腔是环形的"8"字腔.

步骤 2 利用双透镜压窄激光直径,并把电光调制器放置(拖动放置)到双透镜的焦点位置,如图 4 - 4 所示,用于压窄激光束直径.

图 4 - 4 激光束的整形

两个透镜的焦距不同,在光路上有共同的焦点,可以实现在透镜后方得到光束直径比较窄的平行光.电光调制器可以对激光的相位进行调制.在本实验中,电光调制器的调制频率约为 500 MHz,调制频率为射频源提供.

步骤 3 让激光通过放电管的中心,把通过放电管的光利用透镜会聚后送入探测器监测(拖动放电管、透镜、反射镜、探测器放置),如图 4 - 5 所示.

图 4 - 5 放电管放置示意图

放电管为双层套管,内部通气体,内管和外管之间有夹层.在实验中,因为放电过程中会产生高温,因此通入流动水冷却.

步骤 4　电光调制器信号连接(三步导线连接)电光调制器输入射频信号,把电光调制器输出信号送入双平衡混合器,作为解调参考信号,实验装置如图 4 - 6(a)所示,电光调制器及其控制和解调组件的连接如图 4 - 6(b)所示.

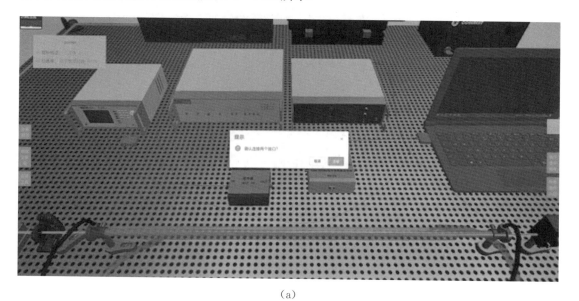

(a)

(b)

图 4 - 6　电光调制器及其控制和解调组件以及实验装置的连接

(a)电光调制器及其控制和解调组件;(b)电光调制器及其控制和解调组件的连接示意图

激光的振幅、频率和相位都可以被调制,此处是在调制激光的相位.被调制的激光可以用双平衡混合器解调,在解调过程中,需要以调制激光相位的频率作为参考频率,同时需要移动参考频率相位,以获得最佳的解调信号.

　　步骤5　图4-7为探测器输出信号解调连接示意图.将探测器测量到的信号送入双平衡混合器,与电光调制器的参考信号混频,解调得到相位调制信号.将双平衡混合器输出的信号送入锁相放大器做进一步解调(三步导线连接),连接示意图如图4-7所示.

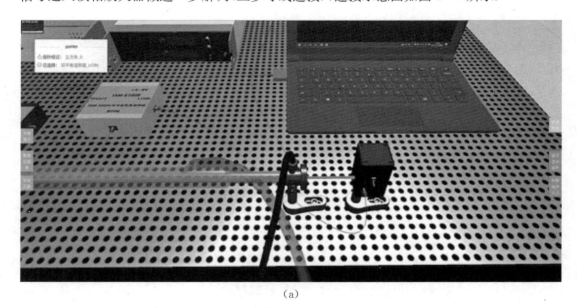

(a)

(b)

图4-7　探测器输出信号解调连接示意图

(a)频率调制解调;(b)浓度/速度调制解调

　　这里是另一个与放电相关的调制.调制过程如下:锁相放大器产生正弦信号,进一步变压成为高压,对放电管内的气体进行放电,实现由稳定分子到瞬态分子的生成调制.解调过程如下:输入信号来自双平衡混合器的输出,参考信号为锁相放大器产生的正弦信号,锁相放大器同时作为调制源的产生仪器和解调仪器.

　　步骤 6　设置锁相放大器的输出函数如下:正弦波,峰峰值 2 V,频率 15～30 kHz. 输出的信号送入高压变压器,高压变压器的输出端加载到放电管的两端(进行参数设置以及两步连接),连接示意图如图 4-8 所示.

图 4-8　锁相放大器的参数设置

　　稳定分子在高压下会激发和电离,激发和电离与电压有关. 电压由高压变压器提供,是交流电压,因此电压的绝对值有周期性变化,这意味着分子的激发和电离会有周期性变化(即被调制). 此外,交流电压会在放电管中产生交变电场,如果放电管中有带电粒子,则粒子在电场中的漂移方向也被调制了.

　　步骤 7　给放电管套管通入冷却水(即打开水冷机),如图 4-9 所示.

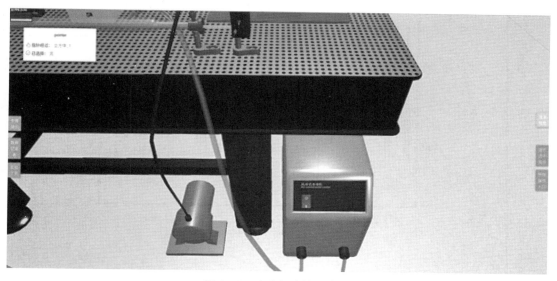

图 4-9　水冷机连接示意图

放电会产生高温等离子体,需要冷却.

步骤 8 在内管通入母体分子气体,即:开启机械泵,然后开启样品气体,如图 4 - 10 所示.

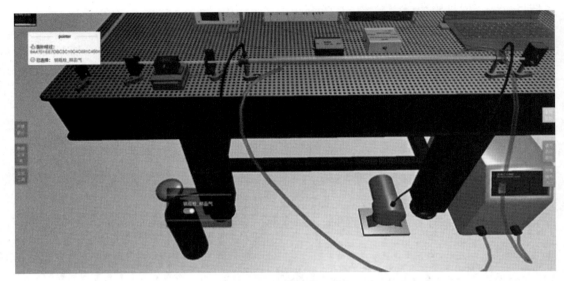

图 4 - 10 配气连接示意图

激发态分子和离子由稳定分子在高压激发下产生,流动气体有利于产生稳定的等离子体.

步骤 9 开启放电,送入计算机采集获得光谱,典型光谱如图 4 - 11 所示.

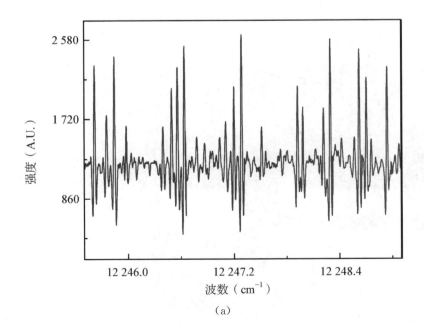

(a)

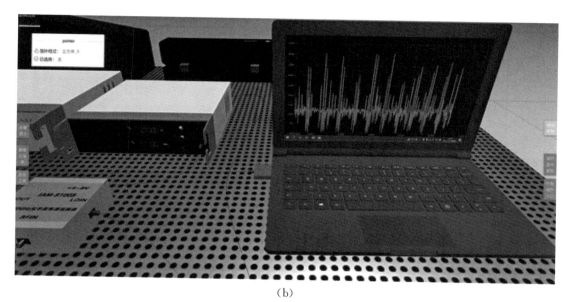

(b)

图 4‑11　典型光谱图及其在实验系统中的示意图

(a)典型光谱图*;(b)典型光谱图在实验系统中的示意图

六、数据记录与处理

1. 读取吸收峰的位置和对应的光谱强度,如图 4‑12 所示.

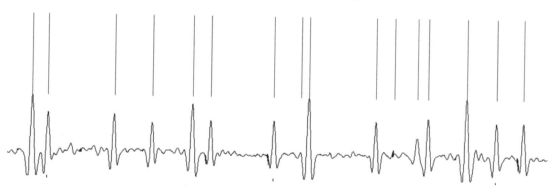

图 4‑12　吸收光谱的预处理*

2. 从已读出的光谱吸收峰中,找出符合并合差的光谱频率,如图 4‑13 所示,显示为多项式曲线.

通过二次逐差可以看出,若谱线属于同一支带,则二次逐差就为一常数,$\Delta_2 F(J) = 2(B' - B'')$,这是标识光谱的依据.

* Lun-hua Deng, Yuan-yue Zhu, Chuan-liang Li, Yang-qin Chen. High-resolution observation and analysis of the I_2^+ A2Π(3/2, u)−X2Π(3/2, g) system [J]. *J. Chem. Phys.*, 2012,137:054308.

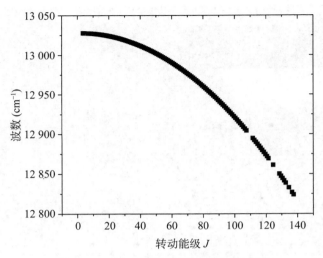

图 4 - 13 同一支带光谱与 J 值的关系*

3. 拟合找出来的光谱,得到上下态的转动光谱常数差值,如图 4 - 14 所示,进行多项式拟合.

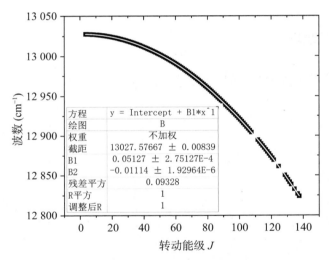

图 4 - 14 同一支带光谱的多项式拟合*

4. 依据获得的光谱带,判断属于哪个支带.

七、实验拓展

1. 依据获得的光谱,尝试拟合获得上下能级的转动光谱常数.

---

* Lun-hua Deng, Yuan-yue Zhu, Chuan-liang Li, Yang-qin Chen. High-resolution observation and analysis of the I$_2^+$ A2Π(3/2, u)—X2Π(3/2, g) system [J]. *J. Chem. Phys.*, 2012,137:054308.

2. 依据获得的光谱常数,估计碘分子离子的平衡核间距大小,如转动常数分别为 $0.039\,\mathrm{cm}^{-1}$ 和 $0.035\,\mathrm{cm}^{-1}$.

八、实验思考

1. 如何进一步提高光谱测量实验的灵敏度?

2. 如果需要利用光谱做精密测量,有哪些思路和实验方法可以获得频率精度更高、线宽更窄的光谱线?

本章参考文献

［1］ James N. Hodges, Benjamin J. McCall. Quantitative velocity modulation spectroscopy [J]. *J. Chem. Phys.*, 2016, 144:184201.

［2］ Lun-hua Deng, Yuan-yue Zhu, Chuan-liang Li, Yang-qin Chen. High-resolution observation and analysis of the I^{2+} A2Π(3/2, u)－X2Π(3/2, g) system [J]. *J. Chem. Phys.*, 2012, 137:054308.

［3］ A. Shelkovnikov, R. J. Butcher, C. Chardonnet, A. Amy-Klein. Stability of the proton-to-electron mass ratio [J]. *Phys. Rev. Lett.*, 2008, 100:150801.

［4］ L. F. Pasteka, A. Borschevsky, V. V. Flambaum, P. Schwerdtfeger. Search for the variation of fundamental constants: Strong enhancements in X 2Π cations of dihalogens and hydrogen halides [J]. *Phys. Rev. A.*, 2015, 92:012103.

［5］ R. P. Tuckett, E. Castellucci, M. Bonneau, G. Dujardin, S. Leach. Coincidence studies of fluorescence and dissociation processes in electronic excited states of I^{2+}, Br^{2+}, IBr^+ and ICl^+ [J]. *Chem. Phys.*, 1985, 92:43.

［6］ M. C. R. Cockett, J. G. Goode, K. P. Lawley, R. J. Donovan. Zero kinetic energy photoelectron spectroscopy of Rydberg excited molecular iodine [J]. *J. Chem. Phys.*, 1995, 102(13):5226.

第 **5** 章
光梳实验

一、实验目的

1. 理解光学频率梳的基本原理.
2. 掌握光学频率梳系统的搭建.
3. 熟悉利用光学频率梳实现光频测量的原理.

二、实验仪器

飞秒脉冲激光、高频探测器、PID 伺服控制器、信号发生器、滤波器、光谱仪、计数器、待测激光、非线性光纤、光学倍频晶体、透镜、波片等光学元件.

三、实验原理

（一）光频测量背景

光是一种波,与其他波一样,它也具有自己的振荡频率和周期. 由于光波的振荡频率非常高,1 s 时间振荡为 10^{14} 次,还没有一个探测元件能够直接感应到光波的振荡,因此测量光波频率一直是科学界的难题.

随着激光的发展与应用,通过对激光频率的精密测量,引发了多项革命性的成果. 例如,20 世纪 70 年代,通过精确测量稳频激光的频率 ν 和波长 λ 后,得到精确的光速值 $c=\lambda\nu$,为把光速确定为常数打下扎实的基础. 虽然上述光频测量的精度只有 10^{-10},主要受限于基于混频和倍频等方式建立的频率测量装置的精度,但它的科学意义是非常重大的.

随着光频标性能的不断提高,如图 5-1 所示,实现激光频率精密测量迫在眉睫. 它不仅能对从 1967 年实行至今的时间频率标准"秒"进行修改,还能为科学研究提供高精度的测量工具:由于频率测量精度不断提高,其他物理量的测量都希望转换成对频率的测量,从而获得更高的测量精度. 同时,可以更高精度地检验基本物理理论,更灵敏地探测如暗物质、引力波等引起的微弱信号.

测量频率其实是测量被测对象与频率标准之间的频率比值,频率测量的精度依赖于频率标准和比值测量的精度. 如图 5-1 所示,目前采用的时间频率基准是铯(Cs)原子微波钟,

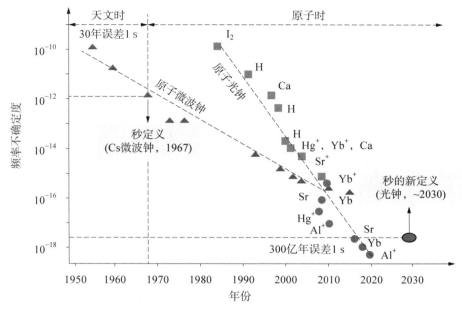

图 5 - 1　频率标准的发展

它的振荡频率为 10^{10} Hz,比光频低了 4 个量级,因此跨越 4 个量级的频率跨度并实现光频的测量是困扰科学家很久的难题.

　　1999 年诞生的飞秒光梳为实现上述光频精确测量的目标铺平了道路.飞秒光梳是由飞秒激光器产生的一串激光脉冲串,它的电场在频域上的分布如图 5 - 2 所示.它就像一把频率的"尺子":通过精确控制这把"尺子"的"零点"和刻度间隔,就可以得到一把准确的"频率尺",而被测光通过与"频率尺"进行比较,就可以得到它的频率值.

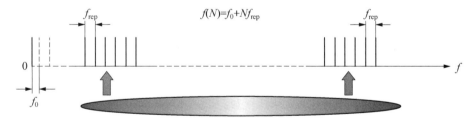

图 5 - 2　飞秒光梳频谱分布图

　　早在 1999 年之前,人们就意识到飞秒锁模激光在频谱上是频率间隔均匀的,通过控制飞秒激光器的腔长,可以使频率间隔非常稳定,然而,如何精确控制这把"频率尺"的"零点",特别是将它的"零点"与 Cs 微波频率基准联系起来,还没有找到很好的解决方案.2000年,科学家利用非线性光纤将飞秒激光的光谱进行展宽,并利用展宽后的两端光谱成分进行倍频和拍频探测,得到光梳的"零点"——f_{ceo}(该技术称为光梳 $1f$ - $2f$ 自参考技术),并对 f_{ceo} 进行控制,从而使锁模脉冲激光成为一把频率尺.为了证明这把"频率尺"可以精准地测量光频,我国科学家用实验证明它测量频率比值时引入的误差在 10^{-19} 量级,远优于当今时间频率标准以及未来基于光频标的时间频率标准的精度.霍尔和亨施也因为他们在精密激光光谱研究和发展光学频率梳技术方面的重要贡献而获得了 2005 年的诺贝尔物理学奖.

(二)飞秒锁模激光在时域和频域上的分布特征

锁模脉冲激光在时间上的分布如图 5-3 所示.它是一个脉冲序列,每个脉冲的宽度在飞秒量级,两个相邻脉冲之间的时间间隔为 T.重复频率 f_{rep} 是相邻两个脉冲时间间隔 T 的倒数,可以表示为

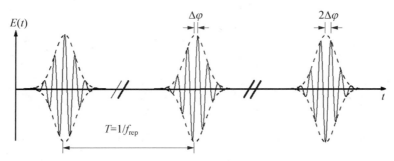

图 5-3　飞秒锁模激光脉冲序列在时域上的电场分布[*]

$$f_{rep} = \frac{1}{T} = \frac{v_g}{2L},\qquad(5-1)$$

其中,L 是激光腔长,v_g 是脉冲光场的群速度,即为脉冲包络的传播速度,而载波则以相速度 v_p 传输.由于在飞秒锁模激光腔内存在色散,导致载波在腔内往返一次后不能重现它与包络间原有的相对位相关系,因此相邻两个脉冲的载波与包络之间呈现相对位相差 $\Delta\varphi$,

$$\Delta\varphi = \omega_0 \left(\frac{L}{v_g} - \frac{L}{v_p} \right),\qquad(5-2)$$

其中,ω_0 是激光脉冲的中心角频率.

在频域上,这些脉冲序列就对应为一个等间隔分布的频谱,其间隔等于脉冲序列的重复频率 f_{rep}.由于它在频谱上的分布形似梳子,因此被称为"光梳",如图 5-4 所示.

任何一个激光频率 ω_n 能够在腔内形成稳定振荡,要求它能因干涉而得到加强.而发生干涉相长的条件是:光波在腔内往返一周后应与初始波同相,即位相差为 $2n\pi$(n 为整数),也就是激光频率 ω_n 必须满足 $\omega_n T = 2n\pi$,即 $f_n = \frac{n}{T} = n f_{rep}$.因此在光梳中任意两个相邻"梳齿"的频率间隔是 f_{rep},它通常在 100 MHz 到 1 GHz 间.

如果计入相邻脉冲的载波与包络之间的相对位相差 $\Delta\varphi$,那么激光频率 ω_n 必须满足 $\omega_n T - \Delta\varphi = 2n\pi$,即:光梳中的任何一个光频可以表示为

$$f_n = n f_{rep} + f_{ceo},\qquad(5-3)$$

其中,

＊　蒋燕义.光频精密控制与合成.华东师范大学硕士论文,2005.

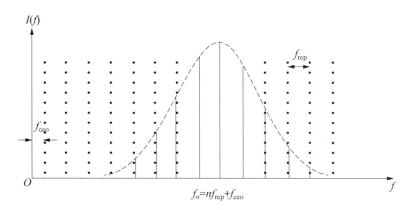

图 5 - 4　飞秒锁模激光脉冲序列在频域上的强度分布[*]

$$f_{ceo} = \Delta\varphi \frac{f_{rep}}{2\pi} = \omega_0 \left(\frac{2L}{v_g} - \frac{2L}{v_p} \right) \frac{v_g/2L}{2\pi} = \nu_0 \left(1 - \frac{v_g}{v_p} \right), \tag{5-4}$$

其中，ν_0 是激光脉冲的中心频率. 简单地说，相对位相差 $\Delta\varphi$ 体现在频域上相当于把整个光梳从频率坐标原点偏移了 f_{ceo}，因此称 f_{ceo} 为"载波位相偏移频率"或"零频".

(5-3)式表明光梳中任何一个光频 f_n 与微波频率 f_{rep} 和 f_{ceo} 之间的关系. 要获得稳定、精确的光波频率 f_n，只需精密控制重复频率 f_{rep} 和零频 f_{ceo}. 下面将分别介绍 f_{rep} 和 f_{ceo} 的控制方法.

（三）光梳重复频率 f_{rep} 的探测与控制

要精密控制 f_{rep}，需要先从光梳中直接得到 f_{rep} 信号. 由上面的分析可知，从频域上看输出激光脉冲序列是频率间隔为 f_{rep} 的光梳，任意两个相邻光频的拍频都为 f_{rep}，即

$$f_n - f_{n-1} = (nf_{rep} + f_{ceo}) - [(n-1)f_{rep} + f_{ceo}] = f_{rep}. \tag{5-5}$$

只需对锁模激光光束进行光外差探测，就可以得到 f_{rep} 信号. 当这个 f_{rep} 信号与射频频率标准 $f_{ref\mu}$ 鉴相时，得到 f_{rep} 信号与射频标准 $f_{ref\mu}$ 之间的频率或相位偏差. 然后，通过闭合控制环路调整飞秒锁模激光器腔体上的压电陶瓷（PZT）来调节腔长 L. 由(5-1)式可知，激光器腔长 L 伸长或缩短将使 f_{rep} 相应地变大或变小，从而实现 f_{rep} 与射频频率标准 $f_{ref\mu}$ 之间的位相锁定.

（四）载波位相偏移频率 f_{ceo} 的控制方法

当飞秒光梳的重复频率 f_{rep} 得到精密控制后，光梳中各个梳齿间的频率间隔就被稳定控制了. 然而，整个光梳还可以平移，只有控制了光梳的绝对频率（可以是零频 f_{ceo}），才能得到绝对稳定的光频输出. 对于控制光梳的零频 f_{ceo}，可以采用 $1f$-$2f$ 干涉直接提取 f_{ceo} 信号后精密控制它，这无疑给 f_{ceo} 信号的控制带来方便.

$1f$-$2f$ 干涉就是将光梳中的低频部分 $f_n = nf_{rep} + f_{ceo}$ 经倍频后，得到 $2f_n = 2nf_{rep} +$

---

[*]　蒋燕义. 光频精密控制与合成. 华东师范大学硕士论文，2005.

$2f_{ceo}$,并与光梳中的 $f_{2n} = 2nf_{rep} + f_{ceo}$ 外差拍频,如图 5-5 所示,即可得到

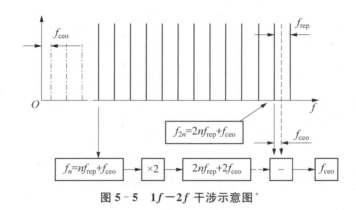

图 5-5　$1f-2f$ 干涉示意图[*]

$$2f_n - f_{2n} = 2(nf_{rep} + f_{ceo}) - (2nf_{rep} + f_{ceo}) = f_{ceo}. \tag{5-6}$$

由(5-4)式可知,零频 f_{ceo} 与群速度 v_g、相速度 v_p 以及脉冲中心频率 ν_0 有关. 而改变飞秒锁模激光器的泵浦光强时,v_g,v_p 和 ν_0 随之改变. 当零频 f_{ceo} 信号与微波频率标准 $f_{ref\mu}$ 鉴相时,输出一个相位误差信号,用这个信号改变激光泵浦光强,即可调整 f_{ceo} 使得它与微波频率标准 $f_{ref\mu}$ 同相.

显而易见,采用 $1f-2f$ 干涉技术的前提是光梳的频谱宽度必须覆盖一个光学倍频程,即输出频谱包括 f_n 和 f_{2n}. 一般飞秒锁模激光器输出光谱范围只有几十太赫兹,无法达到一个光学倍频程,这就需要将光梳进一步展宽. 由于光子晶体光纤的蜂窝状结构,使得它在高功率密度、超窄脉冲激光作用下产生很强的非线性效应,将输入的窄带光频谱展宽成超过一个光学倍频程的超连续谱,使输出光谱呈现从近红外光到绿色的美丽彩带,如图 5-6 所示.

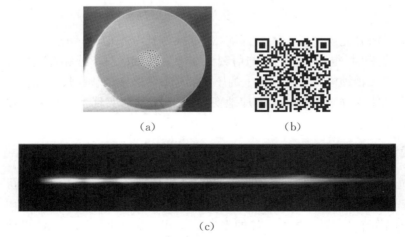

（a）　　　　　　　（b）

（c）

图 5-6　光子晶体光纤和光谱展宽

（a）光子晶体光纤;（b）和（c）为光谱展宽（扫码观看彩图）

＊ 蒋燕义. 光频精密控制与合成. 华东师范大学硕士论文,2005.

（五）飞秒光梳的精密锁相控制

实验采用飞秒光梳锁相控制系统. Verdi－5 是半导体激光器泵浦的 Nd：YVO$_4$ 固体激光器, 作为飞秒激光器的泵浦源, 最大输出功率可以达到 5.5 W, 一般选用 5 W 左右的光功率泵浦飞秒激光器. Verdi－5 输出 532 nm 的绿光, 经声光调制器（AOM）对泵浦光强做幅度调制, 这里选用 AOM 的零级光, 通过调节一级衍射光强来控制零级光光强. 受到光强调制的 532 nm 光由平面镜调整入射方向, 并用一个短焦距的透镜使它耦合入飞秒激光腔内. 图 5－7 中所示的飞秒激光器被放置在一个独立的仪器盒中, 以保证飞秒锁模激光器连续稳定工作. 飞秒克尔透镜锁模激光器选用钛宝石作为增益介质, 同时, 它也是作为产生锁模效应的非线性晶体（或称克尔介质）. 钛宝石产生的荧光在六镜环形行波腔中被选频放大, 从而产生激光. 在一般情况下, 激光器先产生的是连续激光, 只有在锁模区域给激光一个扰动, 才能产生自锁模脉冲. 由于系统采用的谐振腔是行波腔, 在输出连续激光的状态下, 腔内可以有两个方向的振荡光强同时输出. 而当产生锁模效应时, 只有一个方向产生锁模脉冲. 锁模脉冲的群延时色散补偿是由负色散补偿镜来补偿. 实验所用的飞秒锁模激光器的重复频率 f_r 可设置在 800 MHz 到 1 GHz 之间, 由此推算环形腔腔长 L 大约在 15 cm 到 19 cm 之间. 飞秒锁模激光器输出的激光脉宽约为 25 fs, 中心波长约为 800 nm. 当连续激光输出时, 两个激光方向的总功率接近 700 mW, 锁模时激光功率约为 600 mW. 在输出锁模脉冲后, 又采用啁啾镜来补偿群速度色散（GVD）, 从而实现对脉冲的整形.

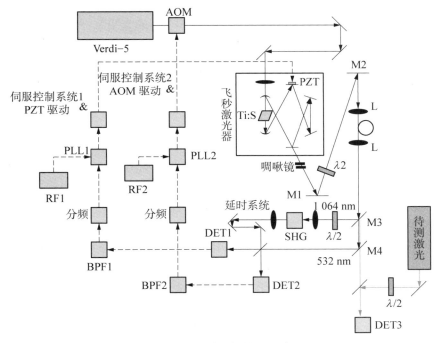

图 5－7　飞秒光梳控制系统*

＊　蒋燕义. 光频精密控制与合成. 华东师范大学硕士论文, 2005.

由于飞秒锁模激光的波长覆盖范围并不大,只有约 30 nm,因此采用 $1f$ - $2f$ 自参考技术提取零频 f_{ceo} 时,必须先将光谱展宽到一个倍频程,如从 532 nm 到 1064 nm,利用光子晶体光纤(PCF)的非线性作用,可以将光谱展宽成一个倍频程.将锁模激光光束用显微目镜或短焦距的透镜聚焦入光子晶体光纤.由于不同芯径的光纤对光谱的展宽特性不同,为了达到一个光学倍频程的频谱展宽,采用光子晶体光纤的长度不一定相等,同时要使光纤与透镜及色散补偿相匹配.另外,由于不同偏振方向的脉冲光入射到光子晶体光纤时的频谱展宽特性不同,光子晶体光纤前的 1/2 波片将改变入射光的偏振方向,得到不同的输出光谱.然后,再使用透镜将经过光子晶体光纤的输出光束还原,使光束准直,减小光束发散角.

被光子晶体光纤展宽的光梳有很多波长成分,如从 532 nm 到 1064 nm.通过反射镜 M3 将 1064 nm 的光反射入倍频晶体 SHG(如 BBO 晶体、KNbO$_3$ 晶体等)进行倍频,并得到 532 nm 的倍频光和未倍频的基频光 1064 nm.入射到倍频晶体的光束同样需要经短焦距的透镜将光斑聚焦,倍频晶体前的 1/2 波片改变入射光的偏振方向,使倍频效率最高.其他波长成分的光透过镜 M3,其中波长约为 532 nm 的光被镜 M4 反射,其余的光从镜 M4 透过.如图 5 - 7 所示,被镜 M4 反射的 532 nm 光与经过倍频并延时的光束实现空间和时间上的重合,并送入探测器 DET2,探测器的输出信号含有这两束光的拍频信号 f_{ceo}.调节其中一路光的延时系统,使两束参与拍频的锁模脉冲在时间上完全重合,以得到最佳的拍频信号.这就是 $1f$ - $2f$ 自参考系统装置.可以取透过的 532 nm 光拍频并送入探测器 DET1 得到重复频率 f_{rep}.

从探测器 DET1 得到的信号经带通滤波器 BPF1 后,滤去重复频率 f_{rep} 的高次谐波成分或其他频率成分,从而得到 f_{rep} 信号.将 f_{rep} 信号经分频器分频后送入锁相环 PLL1,并以微波信号源 RF1 提供的相应频率信号 $f_{ref\mu}$ 为频率参考标准,锁相环鉴别它们之间的相位或频率差后,输出电信号控制压电陶瓷的驱动电压,使装在压电陶瓷上的激光腔镜片改变其相对位置,从而使得腔长 L 伸长或缩短.如果 f_r 信号比参考频率信号 $f_{ref\mu}$ 大(小),则压电陶瓷将使激光腔长 L 伸长(缩短).

与上述相同,从探测器 DET2 得到的信号经过带通滤波器 BPF1 后可以得到 f_{ceo} 信号.把 f_{ceo} 信号经分频器后送入锁相环 PLL2,并以微波频率源 RF2 提供的信号 $f'_{ref\mu}$ 为频率参考标准,锁相环鉴别它们之间的位相和频率差后,输出电信号控制声光调制器 AOM 的驱动电源,改变 AOM 的调制深度,从而改变泵浦光的光强.当泵浦光的光强增强时,它不仅改变了激光脉冲的频谱分布,使得激光的中心波长红移,即光脉冲的中心频率 ν_0 减小,从而引起载波位相的变化,而且当光强改变后,同时会改变由增益介质的克尔效应引起的载波相位.这两方面效应使得总相位发生改变,且总相位随泵浦激光功率的增加而减小.根据(5-4)式可知,当载波位相发生变化,同时会引起零频 f_{ceo} 信号变化,且零频 f_{ceo} 与载波位相的大小成正比.因此当泵浦激光功率增加(减小)时,零频 f_{ceo} 信号会相应地减小(增大).

(六)利用光学频率梳实现光频测量

当光梳的重复频率 f_{rep} 和载波位相偏移频率 f_{ceo} 都被精密控制在微波钟(如铷钟或氢

钟)合成的频率时,f_{rep} 和 f_{ceo} 的值都可以被确切地测量,那么光梳的每个梳齿的频率都可以确定.有一待测激光 f_L,它的波长可以粗略地由波长计测量,一般精度可以达到 100 MHz. 当该待测激光与其相邻的光梳梳齿进行拍频,得到拍频频率 f_b,如图 5-8 所示.通过用频率计测量 f_b 的值,根据光梳方程,就可以知道光梳梳齿与待测激光的拍频存在以下 4 种形式:

$$f_b = Nf_{rep} + f_{ceo} - f_L, \qquad (5-7)$$

$$f_b = Nf_{rep} - f_{ceo} - f_L, \qquad (5-8)$$

$$f_b = f_L - Nf_{rep} - f_{ceo}, \qquad (5-9)$$

$$f_b = f_L - Nf_{rep} + f_{ceo}, \qquad (5-10)$$

其中,N 为整数,表示第 N 根梳齿.可以通过计数器读取 f_{rep} 和 f_{ceo} 的值,再通过计数器读取拍频信号 f_b 值.代入(5-7)式至(5-10)式,可以分别算出 4 个公式对应的 N 值.比较这 4 个 N 值哪一个最接近整数,此时对该值进行就近取整,就可以得到准确的 N 值,由对应该值的计算公式,可以精确得到待测激光的频率.

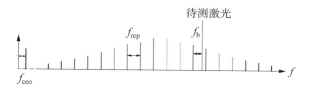

图 5-8 飞秒光梳测量激光频率 [*]

四、实验内容

(一)光梳重复频率 f_{rep} 的探测与控制

对锁模激光光束进行光外差探测就可以得到 f_{rep} 信号. 当这个 f_{rep} 信号与射频频率标准 $f_{ref\mu}$ 鉴相时,得到 f_{rep} 信号与射频标准 $f_{ref\mu}$ 之间的频率或相位偏差.然后,通过闭合控制环路,调整飞秒锁模激光器腔体上的压电陶瓷来调节腔长 L. 激光器腔长 L 伸长或缩短,将使 f_{rep} 相应地变大或变小,从而实现 f_{rep} 与射频频率标准 $f_{ref\mu}$ 之间的位相锁定.

(二)载波位相偏移频率 f_{ceo} 的控制方法

当飞秒光梳的重复频率 f_{rep} 精密控制后,光梳中各个梳齿间的频率间隔就被稳定控制.然而,整个光梳还可以平移,只有控制了光梳的绝对频率(可以是零频 f_{ceo}),才能得到绝对稳定的光频输出.对于控制光梳的零频 f_{ceo},可以采用 $1f-2f$ 干涉直接提取 f_{ceo} 信号后精密控制它,给 f_{ceo} 信号的控制带来方便.

[*] 蒋燕义.光频精密控制与合成.华东师范大学硕士论文,2005.

（三）飞秒光梳的精密锁相控制

实验所用的飞秒锁模激光器的重复频率 f_r 可设置在 800 MHz 到 1 GHz 之间，由此推算环形腔腔长 L 大约在 15 cm 到 19 cm 之间．飞秒锁模激光器输出的激光脉宽约为 25 fs，中心波长约为 800 nm．当连续激光输出时，两个激光方向的总功率接近 700 mW，锁模时激光功率约为 600 mW．在输出锁模脉冲后又采用啁啾镜来补偿群速度色散，从而实现对脉冲的整形．

（四）利用光学频率梳实现光频测量

当光梳的重复频率 f_{rep} 和载波位相偏移频率 f_{ceo} 都被精密控制在微波钟合成的频率时，f_{rep} 和 f_{ceo} 的值都可以被精确地测量，于是光梳每个梳齿的频率都可以确定．

五、实验步骤

步骤 1 调节 M1 和 M2 镜光学调整架．

调节 M1 和 M2 镜片所在的光学调整架的水平和垂直方向旋钮，如图 5-9 所示，使飞秒激光垂直正入射进入光子晶体光纤．

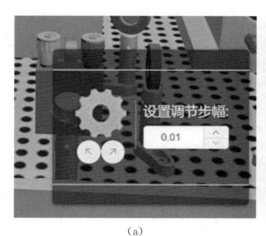  

（a）   （b）   （c）

图 5-9 调节光学调整架

（a）调节；（b）未调节好；（c）调节好

步骤 2 打开光电探测器．

打开光电探测器开关 1 和 2，如图 5-10 所示，开始接受激光信号．

步骤 3 观察频谱仪．

打开频谱仪，使光电探测器信号输入频谱仪 1 和 2，如图 5-11 所示，观察是否出现 f_{ceo} 信号．

 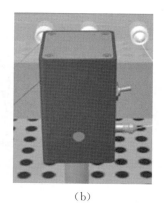

（a）　　　　　　　　　　　　（b）

图 5‑10　打开光电探测器

（a）打开前；（b）打开后

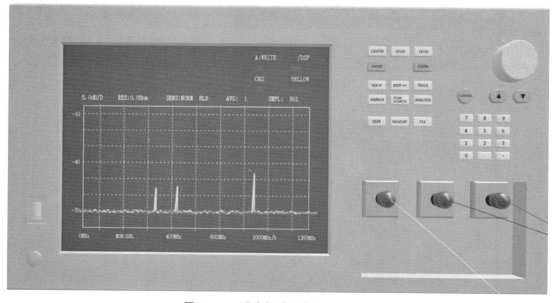

图 5‑11　观察频谱仪出现 f_{ceo} 信号

步骤 4　调节延时系统.

调节延时系统的一维调整架的位移,如图 5‑12 所示,使得光谱仪中 f_{ceo} 信号最大,如图 5‑13 所示.

步骤 5　调节带通滤波器.

光电探测器 1 和 2 的信号分别被输入带通滤波器 1 和 2.调节滤波频率分别约为 800 MHz 和 450 MHz,滤出 f_{rep} 和 f_{ceo} 信号,如图 5‑14 所示.

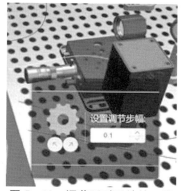

图 5‑12　调节延时系统的一维调整架

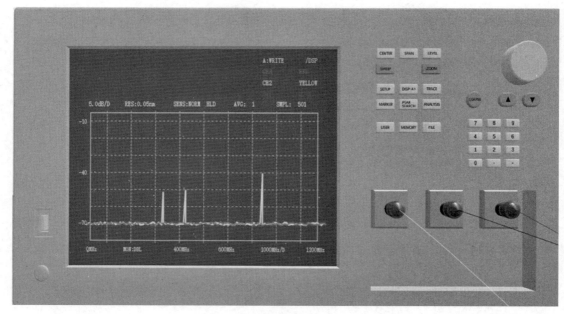

图 5‑13　调节频谱仪中 f_{ceo} 信号变大

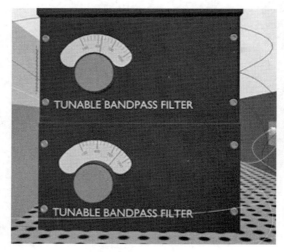

图 5‑14　滤出 f_{rep} 和 f_{ceo} 信号

步骤 6　设置 CH1 输出频率.

打开信号发生器,设置信号发生器 CH1 通道的输出频率为 12.5 MHz,如图 5‑15 所示. 该信号被送入锁相环(PLL)的参考端(LO),与被 64 分频的 f_{rep} 信号(约为 800 MHz)所在的锁相环的输入端(RF)进行比较,得到分频后的 f_{rep} 信号与信号源输出信号的相位差,即误差信号 1.

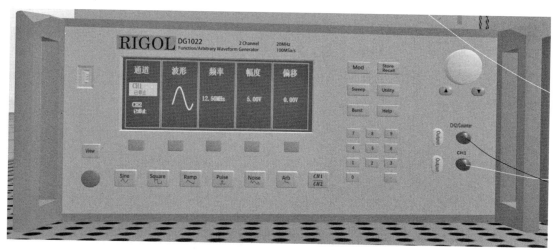

图 5 - 15　设置信号发生器 CH1 通道

步骤 7　设置 CH2 输出频率.

如图 5 - 16 所示,设置信号发生器 CH2 通道的输出频率为 28 MHz,该信号被送入锁相环的参考端,与被 16 分频的 f_{ceo} 信号(约为 450 MHz)所在的锁相环的输入端进行比较,得到分频后的 f_{ceo} 信号与信号源输出信号的相位差,即误差信号 2.

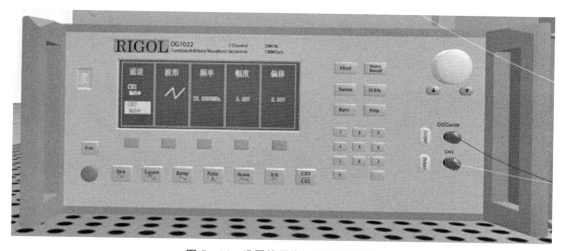

图 5 - 16　设置信号发生器 CH2 通道

步骤 8　调节伺服控制系统 1.

误差信号 1 被送入伺服控制系统(SERVO)1 的输入端,SERVO1 的输出端被接入压电陶瓷的控制电路,如图 5 - 17 所示.调节 SERVO1 控制 PZT 驱动,使 f_{rep} 信号的频率抖动最小.

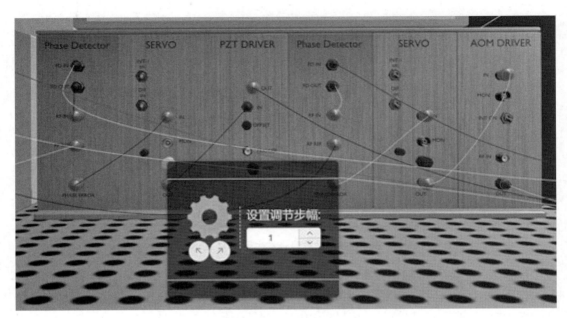

图 5 - 17　调节 SERVO1

步骤 9　调节伺服控制系统 2.

误差信号 2 被送入伺服控制系统 2 的输入端,SERVO2 的输出端被接入声光调制器 (AOM)的控制电路,如图 5 - 18 所示.调节 SERVO2 控制 AOM,使 f_{ceo} 信号的频率抖动最小.

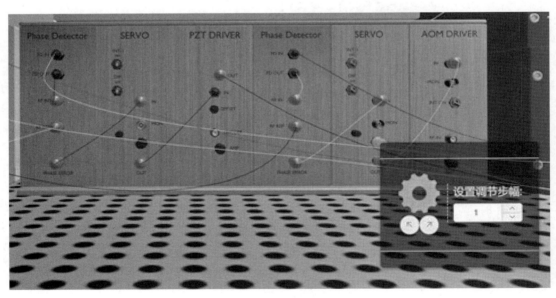

图 5 - 18　调节 SERVO2

步骤 10 打开待测激光.

打开待测激光,使待测激光进入光梳系统和波长计,并点击待测激光获取波长计粗测激光频率 f_L,如图 5-19 所示.

图 5-19 获取粗测频率

步骤 11 调节带通滤波器 3.

打开光电探测器 3,探测器 3 上的信号被输入带通滤波器 3.观察光谱仪上 f_b 信号的大致频率,如图 5-20 所示.调节带通滤波器 3 至相应滤波频率,使 f_b 信号滤出,如图 5-21 所示.

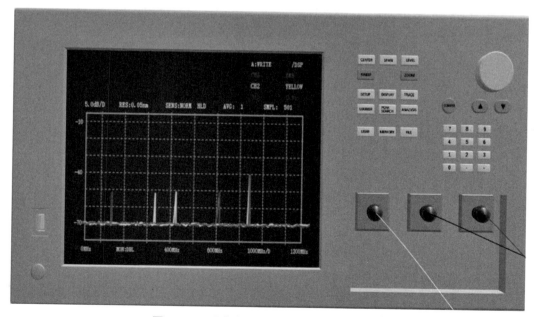

图 5-20 观察光谱仪上 f_b 信号的大致频率

图 5 - 21　滤出 f_b 信号

步骤 12　计算器读数记录.

信号 f_{rep}、f_{ceo} 和 f_b 被输入频率计数器,分别读出 3 个信号的频率,如图 5 - 22 所示. 打开数据记录表,记录数据,并代入公式计算得出待测激光频率.

图 5 - 22　计数器读数

六、数据记录与处理

1. 实验数据记录如表 5 - 1 所示.

表 5 - 1　实验数据记录

序列	频率	数据记录	分值(40 分)
1	粗测激光频率 f_L	485 704 718 MHz	
2	光梳重复频率 f_{rep}	801. 830 062 947 1 MHz	
3	载波位相偏移频率 f_{ceo}	451. 256 517 64 MHz	
4	激光与光梳的拍频信号 f_b	283. 9811 MHz	

注:实验数据记录满分为 40 分.

2. 计算得到的 N 值记录入表 5-2.

表 5-2 N 值的计算

序列	公式	数据记录	分值(40 分)
1	$N = (f_L + f_{ceo} + f_b)/f_{rep}$	605 746.124 6	
2	$N = (f_L + f_{ceo} - f_b)/f_{rep}$	605 745.416 3	
3	$N = (f_L - f_{ceo} + f_b)/f_{rep}$	605 744.999 0	
4	$N = (f_L - f_{ceo} - f_b)/f_{rep}$	605 744.290 7	

注:实验数据处理满分为 40 分.

3. 精确得到激光频率 f_L',如表 5-3 所示.

表 5-3 激光频率

对最接近整数的 N 取整	605 745
代回原对应计算式得到激光频率 f_L'	485 704 718.755 3 MHz

注:实验数据处理满分为 40 分.

七、实验拓展

通过频谱仪观察到探测器 1 和 2 上接收到的 f_{rep},f_{ceo} 和 $f_{rep} - f_{ceo}$ 信号,且信号已经调节至最大.

这说明光路已经被准直,光子晶体光纤的蜂窝状结构产生的很强的非线性效应已将输入的窄带光频谱展宽成超过一个光学倍频程的超连续谱. SHG 晶体成功将低频光倍频,被镜 M4 反射的光与经过倍频并延时的光束实现空间和时间上的重合,延时系统已被调至最佳. 两束参与拍频的锁模脉冲在时间上完全重合,得到了最佳的拍频信号.

八、实验思考

通过频谱仪观察到稳定的 f_b 和 $f_{rep} - f_b$ 信号,且 f_{rep} 在 0.1 MHz 量级抖动,f_b 在 100 Hz 量级抖动,f_{ceo} 在 10 MHz 量级抖动,这说明了什么问题?

本章参考文献

[1] K. M. Evenson, J. S. Wells, F. R. Petersen, B. L. Danielson, G. W. Day, R. L. Barger, J. L. Hall. Speed of light from direct frequency and wavelength measurements of the methane-stabilized laser [J]. *Physical Review Letters*, 1972, 29:1346.

［2］ T. W. Hänsch. Nobel lecture: passion for precision ［J］. *Reviews of Modern Physics*, 2006,78:1297.

［3］ J. L. Hall. Nobel lecture: defining and measuring optical frequencies ［J］. *Reviews of Modern Physics*, 2006,78:1279.

［4］ L. S. Ma, Z. Bi, A. Bartels, L. Robertsson, M. Zucco, R. S. Windeler, G. Wilpers, C. Oates, L. Hollberg, S. A. Diddams. Optical frequency synthesis and comparison with uncertainty at the 10^{-19} level ［J］. *Science*, 2004,303:1843.

前沿光学实验模块

第 **6** 章
超构表面的原理及应用实验

一、实验目的

1. 了解超构表面的基本原理.
2. 了解超构表面的基本设计原理和思路以及超构表面结构的加工流程.
3. 熟悉超构表面等微纳元件的基本测试表征方法.
4. 理解超构表面在光场调控中的意义,为进一步理解和研究超构表面等微纳结构的原理和应用打下基础.

二、实验仪器

仿真电脑及相关仿真软件(如 FDTD, COMSOL 等软件)、镀膜设备(如电子束蒸发、溅射、热蒸发等设备)、曝光设备[电子束光刻机(EBL)、紫外光刻机等]、刻蚀设备[如反应式离子蚀刻(RIE)、聚焦离子束(FIB)等]、激光器、CCD 相机及其他相关光学测试元件.

三、实验原理

(一) 实验背景

超构表面指一种厚度小于波长或者与波长相当的人工层状材料.随着微纳加工技术的快速发展,人们能够在比较小的尺度范围内对一个平整的材料界面进行加工,从而对光传播遵循的规律带来新的诠释,同时,基于新的规律开发出新的超薄光学器件和光学系统,为光学系统的小型化和集成化带来巨大的机遇.

2011 年,哈佛大学的 Capasso 团队研究发现,通过在介质表面上制备厚度只有几十纳米、设计特殊的 V 型天线结构,可以在亚波长尺寸内(波长的 1/8 以下)改变入射光的相位,使得光通过一个二维表面后每一个天线结构的散射光的相位都不相同.通过改变 V 型天线的朝向和几何尺寸,可以使散射出的光与入射光的相位相比,从 0°渐变到 360°,这样就可以随意调节几何平面上任意点的相位,如图 6-1 所示.利用这种天线对几何平面上的任意位置的相位改变进行设计,使得在平面界面上的相位分布与传统透镜由于球面形貌带来的相位改变相似,可以实现传统透镜等各种光学元件的功能.这种天线的厚度仅为几十纳米,这

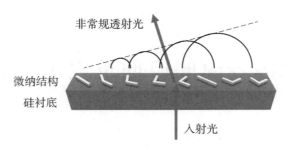

图 6-1　超构表面示意图

一特性突破了传统的斯涅尔定律,在下列等式的右边增加了由微纳天线引入的相位突变项,实现广义的斯涅尔定律:

$$\sin(\theta_t)n_t - \sin(\theta_i)n_i = \frac{\lambda_0}{2\pi}\frac{\mathrm{d}\phi}{\mathrm{d}x}, \qquad (6-1)$$

$$\sin(\theta_r) - \sin(\theta_i) = \frac{\lambda_0}{2\pi n_i}\frac{\mathrm{d}\phi}{\mathrm{d}x}. \qquad (6-2)$$

如图 6-1 所示,当引入这种微纳天线后,在界面上引入相位突变量 Φ,并且 Φ 在 x 方向以一定梯度分布.在这种情况下,即使入射光垂直界面入射,折射角也可不为零.这种奇异的透射可以用惠更斯原理解释:当光垂直照射超构表面时,其上每个点作为次波源的辐射相位各不相同,它们组成的同相位面为斜方向的平面,因此产生奇异的折射光.

利用这种新颖的人工超构表面,人们已经实现许多新奇的光学效应和器件应用,包括非常规偏折、波片、偏振调控、超薄矢量光发生器、光子自旋轨道相互作用、各种各样的全息成像、非线性动力学等.其中尤为突出的是各种各样的超透镜,人们研发出的超构透镜在许多特性方面已经不输于传统的体块透镜,甚至在有些性能方面有所超越.目前已有科技公司在手机镜头等设备中应用了超构透镜元件.超构表面技术在光电子学、超快信息技术、显微技术、成像、传感器等领域都具有广阔的应用前景.

(二) 基本理论知识

超构表面调控相位的方法主要有基于微纳结构光学共振的色散调控、几何相位调控等,相关原理如下.

1. 共振相位

电磁波可以通过电子振荡产生,因此由电感、电容等元器件组成的 LC 振荡电路可以产生或调制电磁波,该原理在低频电磁场领域应用广泛.高频电磁波,如频率为 GHz/THz 级的电磁波甚至光波,在理论上也可以通过类似的 LC 振荡电路对电磁波进行调制,只是传统 LC 电学器件无法满足高频振荡或响应的要求.因此利用特殊设计和加工的微纳结构替代传统 LC 电路中的电感、电容器件,可以实现对高频电磁场进行相位调制的目的.

通过改变微纳结构的几何尺寸和形状,即可改变结构的共振波长.但当入射光波长一定时,这种改变便可以改变该入射情况下散射光的相位. 例如,当光入射到一金属纳米天线,入射波的电磁场便会与天线发生耦合,并激发天线中电荷的振荡,形成表面等离激元. 在一般情况下,当天线的长度约为表面等离激元波波长的一半时会发生谐振,此时入射光与天线的电流是同相的. 而当天线的长度不等于这一长度时,其电流的相位与入射光相比就会超前或者落后,从而使得由该振荡电流诱导的电磁波的相位随着天线尺寸的变化而改变.

一般单个纳米天线只能实现 π 的相位调制. 通常可以通过引入具有多个独立共振的纳米天线等结构来实现完整的 2π 相位调制. 常见的共振纳米天线结构有 V 形、C 形、H 形等.

2. 几何相位

几何相位是由英国的物理学家 M. V. Berry 提出,并由印度的 Pancharatnam 将其引入电磁波领域,因此几何相位也称为"Pancharatnam-Berry 相位"(P-B 相位). 某一特定偏振态的电磁波(一般指左旋圆偏振光 LCP 或者右旋圆偏振光 RCP),沿庞加莱球曲面上特定的路径走一圈回到初始位置时,其最终的状态与初始状态相比有一个相位差,该相位差等于电磁波所走路径闭合环路立体角的一半,如图 6-2 所示. 为了实现不同的相位调控,主要是调控其闭合路径对应的立体角,即调控微纳结构的光轴方向. 在微纳光学中,通过转动各向异性的微纳结构单元的角度 θ,即可实现 2θ 的相位变化.

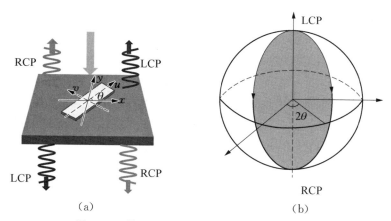

$$(a) \qquad\qquad (b)$$

图 6-2 基于几何相位的超构表面的基本原理

(a)原理图;(b)截面图

几何相位型超表面对电磁波的调制可以用琼斯矩阵来表述. 在一般情况下,各向异性散射结构的琼斯矩阵为

$$\hat{M} = \hat{R}(-\theta)\begin{pmatrix} t_\circ & 0 \\ 0 & t_e \end{pmatrix}\hat{R}(\theta), \tag{6-3}$$

$$\hat{R}(\theta) = \begin{bmatrix} \cos(\theta) & \sin(\theta) \\ -\sin(\theta) & \cos(\theta) \end{bmatrix}, \tag{6-4}$$

其中，t_o 和 t_e 代表的是沿着 x 和 y 方向的偏振分量的透射.

$$\hat{R}(\theta) = \begin{bmatrix} \cos(\theta) & \sin(\theta) \\ -\sin(\theta) & \cos(\theta) \end{bmatrix} \tag{6-5}$$

是旋转角度为 θ 的旋转矩阵. 当一束圆偏振光 $E_{in}^{L/R}$ 入射到结构时，该各向异性结构的散射场可以表示为

$$E_T^{R/L} = \hat{M} \cdot E_{in}^{R/L} = \frac{t_o + t_e}{2} E_{in}^{R/L} + \frac{t_o - t_e}{2} \exp(\pm i2\theta) E_{in}^{L/R}, \tag{6-6}$$

其中，第一项是与入射光的圆偏振特性相同的分量，第二项则与入射光的圆偏振方向相反，同时相对于入射光增加了 $\pm 2\theta$ 的相位项. 当入射光为右旋圆偏振光时，相位符号为"$-$"；当入射光为左旋圆偏振光时，相位符号为"$+$". 第二项可以通过一个 1/4 波片和一个偏振片将该偏振分量选择出来. 当各向异性结构从 $0°$ 转动到 $180°$ 时，即可实现从 0 到 2π 的相位调制.

3. 介质超构表面

早期的超构表面研究主要集中于金属微纳结构. 然而，由于金属结构伴随很强的欧姆损耗，特别是在光学波段，限制了超构表面的应用. 鉴于这一问题，人们提出介质超构表面，利用全介质微纳结构，同样可以实现有效的相位调控. 介质结构的损耗与金属结构相比会大大降低，因此受到人们广泛关注.

当介质结构的共振模式被激发时，这种结构也可以被看作辐射天线. 在通常情况下，共振介质结构的尺寸 d 和波长 λ 的关系为 $d \sim \lambda / \sqrt{\varepsilon}$，其中，$\varepsilon$ 为材料的介电常数. 随着构成这些结构的介质材料的介电常数增加，其结构尺寸也可以有限地减小. 在光学波段，这种介质结构支持的电或者磁的共振模式被称为米氏共振. 金属共振结构所支持的最低阶的共振模式通常是电偶极子共振模式，介质结构的共振与之不同，它们所支持的最低价的模式通常是磁偶极子共振模式. 磁偶极子共振模式一般是由电场激发的环形位移电流所产生的强烈的磁效应. 与金属结构的共振模式类似，介质结构的米氏共振与结构的尺寸密切相关. 通过改变亚波长介质结构的尺寸，可以改变结构所支持的共振模式对应的波长. 当固定入射波长时，不同尺寸结构的散射波的相位便会发生所需要的相位改变，进而用以设计和制备相应的光学系统或者器件. 目前，绝大部分面向应用的超构表面元件都是基于全介质微纳结构的设计. 常用的介质材料有硅（Si）、氮化硅（GaN）、二氧化钛（TiO_2）、氮化硅（SiN）等.

4. 数值仿真

随着电子计算机技术的发展，人们可以利用计算机通过数值方法仿真电磁场的基本规律和分布，从而进行"数值实验"，对光与物质的相互作用做初步数值实验探索. 常见的数值仿真方法有时域有限差分法（FDTD）、有限元法（FEM）和严格耦合波分析（RCWA）等. 这 3 种方法都是从麦克斯韦基本方程出发，推导出控制方程，再结合边界条件，从而计算出光与物体作用后的电磁场分布. 这里仅简单介绍 FDTD 算法，目前商用的 FDTD 软件有 Ansys

Lumerical FDTD 软件、XFdtd by Remcom 软件等. 我们通过 FDTD 来仿真超构表面的相位演化规律.

　　FDTD 是一种在时域内计算电磁场的数值计算法,最初由 Yee 提出,其基本是基于麦克斯韦方程组的计算. 电磁波在空间中的电磁相互关系可以用麦克斯韦旋度方程来表示,其表达式如下:

$$\frac{\partial \boldsymbol{H}}{\partial t} = -\frac{1}{\mu} \nabla \times \boldsymbol{E} - \frac{\rho}{\mu} \boldsymbol{H}, \tag{6-7}$$

$$\frac{\partial \boldsymbol{E}}{\partial t} = -\frac{1}{\varepsilon} \nabla \times \boldsymbol{H} - \frac{\sigma}{\mu\varepsilon} \boldsymbol{E}. \tag{6-8}$$

　　FDTD 算法是将具有连续变量的麦克斯韦微分方程组用变量离散,并且用有限个未知数的差分方程来代替. 在差分方程建立以前,需要将连续的变量离散化,通常用一定形式的网格来划分变量空间. 然后,选择网格节点上的未知量为计算对象,这样连续变量变为离散形式,计算点变成有限个. 最后,在离散点上把微商变为差分形式. 在解决时域电磁场问题时,一般用 Yee 网格来划分空间,离散后的中心差分方程结合电磁场的初始值以及相应的边界条件,可以逐步求解出任意时刻在空间中的电磁场分布形式.

　　本实验通过 FDTD 软件仿真圆柱形纳米硅柱构成的相位调制超构表面. 如图 6-3 所示为该模型一个单元结构的三维图以及俯视图,其衬底为二氧化硅(SiO$_2$),相位调制结构为硅圆柱结构,可以查询资料找到这两种材料的折射率参数. 在仿真实验中,光从衬底端正入射,在结构的另一端监测其透射光场的特性,与实验模型相对应. 这里设定工作波长为 633 nm,其周期为亚波长尺寸($P_x = P_y = 300$ nm),通过改变硅柱的高度 h 和直径 d,即可改变光通过结构后的透射相位. 在 FDTD 算法仿真时,边界条件的选择极为重要. 该模型为周期性结构,其在 xy 方向具有平移不变性. 由于该模型为亚波长周期,其透射光仍然会垂直结构表面出射,且没有高阶的衍射级,因此可以把 xy 方向设定为周期边界条件. 在 z 方向可以设置为完美匹配吸收(PML)边界条件,使得模型在该方向没有光场、会反射回来. 在结构的上方可以添加一个平面的监测器,用来监测透射的电磁场状况,进而可以分析其透射率、相位变化等物理量.

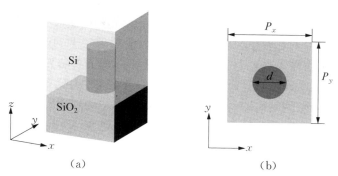

　　　　　　(a)　　　　　　　　　　　(b)

图 6-3　利用 FDTD 软件仿真硅柱结构的超构表面

(a)三维图;(b)俯视图

（三）超构表面微纳结构的制备

由于超构表面需要满足高透射率及准确的相位调制,其对尺寸的精确性要求比较苛刻,尤其是基于共振结构的超构表面的制备. 常用于超构表面微纳结构图形转移的主要设备为聚焦离子束(FIB)和电子束曝光等. 由于 FIB 对材料的破坏性较大,会引入 Ga 离子的注入污染,同时,材料加工的结构表面较为粗糙,使用范围受到一定限制,因此一般超构表面主要是由 EBL 及一定的后续工艺来制备. 本实验以 GaN 介质超构表面为例,介绍利用 EBL 等设备来制备超构表面的过程,如图 6-4 所示.

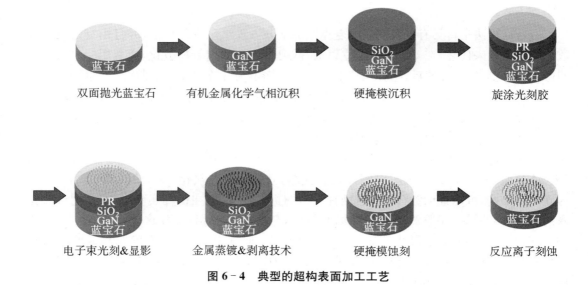

图 6-4　典型的超构表面加工工艺

GaN 是一种高折射率的介质材料,在光波段其折射率大约为 2.4. 单晶 GaN 材料在波长约大于 365 nm 的光波段完全透明,因此它是制作介质超构表面的一种理想候选材料. GaN 薄膜可以通过有机金属化学气相沉积(MOCVD)生长于蓝宝石衬底上. 为了通过 EBL 制备具有高深宽比的 GaN 结构,首先要通过等离子体增强化学气相淀积(PECVD)在 GaN 薄膜上生长一层约 400 nm 的 SiO_2 薄膜作为硬掩模. 然后,通过旋涂的方法在样品上涂覆一层约 100 nm 厚的光刻胶(ZEP-520A,一种用于 EBL 光刻的正胶). 接着,通过 EBL 将设计的超构表面结构转移到光刻胶上,通过显影、固化、去胶等工艺过程,即可将所需的超构表面设计结构的互补结构在光刻胶上实现. 下一步是通过电子束蒸发镀膜设备在样品上蒸镀一层约 40 nm 厚的铬(Cr)膜,再通过剥离技术(lift-off 工艺)去除剩余的光刻胶结构及其上面的铬膜,剩下的铬的微纳结构即与所设计的超构表面结构一致,可以作为刻蚀 SiO_2 的硬掩模. 之后可以通过反应离子刻蚀(RIE)将该结构转移到 SiO_2 上,再通过感应耦合等离子体 RIE(ICP-RIE)系统将 SiO_2 结构转移到 GaN 上. 最后,再利用化学的方法将 SiO_2 的硬掩模去除,便得到 GaN 的超构表面结构.

如图 6-4 所示,该介质超构表面的加工工艺比较复杂,包含 lift-off 和刻蚀两种转移光刻图形结构的方法. 事实上,大部分金属超构表面结构可以通过"EBL+lift-off"的方法来制备.这也正是本实验该制备工艺中铬结构的制备方法.

(四) 超构表面透镜的表征

与传统的透镜相同,超构表面透镜可以将入射的平面光聚焦到焦点位置,实现成像、傅里叶变换等.本实验需要测量超构表面透镜聚焦的特性,包括透镜的焦距、焦点的横向和纵向尺寸等参数.这里以几何相位方法构成的超构透镜为例,介绍透镜的表征实验.

由于几何相位与光的偏振息息相关,在该实验中需要对光的偏振进行控制和检测.图 6-5 是典型的超构表面测量光路系统,一束具有平面波前的激光经过一个透镜组的光束扩束整形,再通过一个偏振片和 1/4 波片的组合被调制成左旋或者右旋圆偏振光.由于超构透镜的尺寸较小(本实验中尺寸约为 $50\ \mu m \times 50\ \mu m$),圆偏振光将会通过一个显微物镜聚焦到超构透镜样品上.通过样品调制的散射光将通过一个显微系统来收集观测.散射光通过一个显微物镜来接收,再通过一个 1/4 波片和一个偏振片组成的偏振系统来检测不同圆偏振光的光场特性.最后,通过一个透镜将散射光场聚焦到 CCD 相机上,以记录显微物镜物面的光场信息.为了测量散射光场的分布,可以前后移动显微物镜,从而记录从超构透镜样品表面到聚焦焦点、直到其再次发散的光场,描绘出通过超构表面样品后整个散射光场的演化.

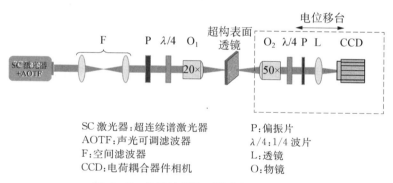

SC 激光器:超连续谱激光器　　　　P:偏振片
AOTF:声光可调滤波器　　　　　　$\lambda/4$:1/4 波片
F:空间滤波器　　　　　　　　　　L:透镜
CCD:电荷耦合器件相机　　　　　　O:物镜

图 6-5　典型的超构透镜表征光学系统

(五) 超构表面的色散

频率色散是材料的一个重要属性,它在光学元件和光学系统中扮演了重要的角色.在绝大多数的透明材料中,材料的折射率会随着频率变大而增大,这就是众所周知的正常色散性质.使用正常色散材料制作的聚焦透镜的焦距会随着频率的增大而减小.色散问题一直是困扰光学设计的一个重要课题.例如,在通信、探测、成像和显示等方面,常常需要额外的器件来对其进行补偿.这不单使光学体系的体积和质量增加,复杂度提高,也提高了系统的造价,限制了消色差系统的广泛利用.

超构表面由于其材料的色散以及结构的衍射效应,会存在明显的色散.人们提出了多种办法来消除色散的影响,其中最有代表性的是南京大学祝世宁院士团队所提出的利用共振结构的色散与不依赖于频率的相位设计相互平衡的方法.通过几何相位的方法设计的相位与频率无关,可以作为超构表面设计的基础相位;另一方面,共振结构有很强的色散,其相位与频率息息相关. 这两种相位彼此独立, 因此可以将其结合起来, 实现消色差或者超色差(扩大色散)的关系.

本实验将介绍这种基于超构表面的宽带消色差透镜的实现方法. 为了实现宽带消色差聚焦, 首先需要了解聚焦的内在物理机理和产生色差的本质原因. 对于任意激发波长 λ, 其聚焦透镜相位分布满足方程

$$\varphi(x, y) = -2\pi(\sqrt{x^2 + y^2 + F^2} - F)\frac{1}{\lambda}, \tag{6-9}$$

其中, (x, y) 表示聚焦透镜不同位置的坐标, F 代表焦距. 对于常规透镜而言, 不同位置的相位通过公式 $\varphi = n_{\text{eff}}k_0 d$ 中的透镜厚度 d 来调控, 因此常规透镜大多为厚度变化的凸透镜. 超构表面则是由前述介绍的相位调控原理产生的相应的相位变化, 在此基础上实现宽带消色差效果, 使设计带宽范围内所有波长的焦距 F 相等. 从方程(6-9)可以看到, 当 (x, y) 的位置确定时, 在带宽范围内聚焦相位与 $1/\lambda$ 呈线性关系. 为了找出色差相位, 假设 $\lambda \in \{\lambda_{\min}, \lambda_{\max}\}$, 其中, $\lambda_{\min}$ 和 $\lambda_{\max}$ 分别为目标带宽的最小波长和最大波长. 于是, 聚焦相位方程(6-9)可以分为以下两个部分:

$$\varphi_1(x, y) = -2\pi(\sqrt{x^2 + y^2 + F^2} - F)\frac{1}{\lambda_{\max}}, \tag{6-10}$$

$$\varphi_2(x, y) = -2\pi(\sqrt{x^2 + y^2 + F^2} - F)\left(\frac{1}{\lambda} - \frac{1}{\lambda_{\max}}\right), \tag{6-11}$$

其中, 公式(6-10)所对应的相位关系即为波长 $\lambda_{\max}$ 所对应的聚焦相位, 宽带内所有波长对应的焦距都与波长 $\lambda_{\max}$ 的焦距相等, 将其定义为初始聚焦相位. 该相位仅与 $\lambda_{\max}$ 相关, 而与 λ 无关, 可以通过几何相位实现该相位. 几何相位仅与结构单元的旋转方向有关, 即通过对应位置的结构单元旋转角 $\theta = \varphi/2$ 实现相应的相位调控. 公式(6-11)所对应的相位为色差相位, 色差相位的数值为目标带宽内任意波长 λ 对应的聚焦相位与最大波长 $\lambda_{\max}$ 对应的相位之间的差值, 色差现象就是这一部分相位差造成的. 如何消除掉色差相位是设计的关键. 在公式(6-11)中, 色差相位与 $1/\lambda$ 依然呈现线性关系, 只是附加了一个与 $\lambda_{\max}$ 相关的常数项, 因此消除色差相位的方法需要与 $1/\lambda$ 呈现线性关系的相位变化以补偿色差. 同时, 这种相位变化与几何相位又互不影响. 共振相位与几何相位是互不影响的, 它是可能满足这一条件的选择.

一般而言, 在介质层内, 相对于波长较长的电磁波而言, 短波长的电磁波会存在更多的共振模式, 即产生较大的相位变化, 因此共振相位会随着频率(或者 $1/\lambda$)呈现递增关系, 可以通过精心选择结构参数来使共振相位与 $1/\lambda$ 满足线性关系. 公式(6-11)中的色差相位 φ_2 与 $1/\lambda$ 呈线性关系, 但这种关系具有负相关性, 而我们希望利用共振相位补偿这部分色差相位, 虽然它们都满足线性关系, 但它们与 $1/\lambda$ 的关系却具有相反的相关性. 为了解决这个问题, 考虑任意频点的相位分布为相对相位分布, 聚焦相位的整体平移并不会影响该频点的聚焦效果, 可以在最小波长 $\lambda_{\min}$ 的相位分布上引入合适的相位平移 $\Delta\varphi$, 使整个宽带内的色差相位与 $1/\lambda$ 满足正相关的线性关系, 如图 6-6 所示, 这样色差相位就可以通过共振相位补偿来消除色差. 总体设计思路是通过几何相位实现聚焦, 利用共振相位补偿色差相

位,两者结合就可以实现宽带消色差聚焦.

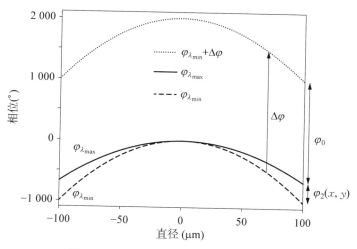

图 6-6 消色差透镜设计的相位分布示例

在理解消色差超透镜的设计原理后,如何找到满足补偿色差的共振结构参数是接下来的重点. 可以利用时域有限差分方法对单元结构和超透镜的消色差效果进行仿真. 本实验选择 $400\,\mathrm{nm} \sim 650\,\mathrm{nm}$ 作为目标频带. 超表面采用近几年比较受欢迎的透射体系全介质超表面,本实验仍然采用 GaN 介质结构,选取矩形柱或者孔结构,结构周期为 $200\,\mathrm{nm}$,高度约为 $1\,\mu\mathrm{m}$. 利用 FDTD 对单元结构的参数进行仿真时选择周期性边界条件,入射电磁波为右旋圆偏振光,在透射面实现对于左旋圆偏振光的相位调控,最终实现对其聚焦. 通过对 FDTD 的共振相位仿真结果进行精心挑选,可以挑选出合适的结构参数,用以补偿不同位置的色差相位,实现消色差的功能.

在本实验中,可以通过超连续光源选择出不同波长的激光作为入射光源,并分别测量这些情况的聚焦特性,尤其是焦距和焦点的横向宽度.

四、实验内容

(一)超构透镜的光学性能表征

1. 搭建超构透镜测试光路.
2. 测量超构透镜的焦距.
3. 测量超构透镜聚焦的效率.

(二)消色差超构透镜的设计与实验

1. 搭建超构透镜测试光路.
2. 测量传统透镜及普通超构透镜在不同波长下的焦距.
3. 测量消色差超构透镜在不同波长下的焦距.

五、实验步骤

(一) 超构透镜的测试

步骤 1-1 搭建光路.

本实验实际搭建的光路如图 6-7 所示. 入射光由光源(SC laser, 超连续谱激光)发射, 通过一组透镜进行扩束(焦距 1:5, 得到 1:5 的扩束比). 然后, 通过偏振片得到线偏振光, 再经过 1/4 波片调制得到圆偏振光, 并由物镜 O_1(20×, 可根据需要选择)聚焦到超构透镜样品上. 在样品的另一端, 用物镜 O_2(50×)来收集经过样品的出射光, 然后, 通过 1/4 波片和偏振片做偏振检测(与入射光圆偏方向相反). 最后, 通过一透镜($f=50\,\mathrm{mm}$)聚焦到 CCD 相机上, 从而在 CCD 上观测到物镜 O_2 前焦面(焦距处)的图像.

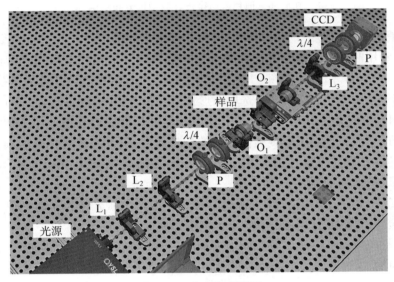

图 6-7　本实验光路图

(1) 入射光束的扩束.

实验中需要对入射光进行扩束整形, 具体如图 6-8 所示. 这一过程可以通过一对焦距不同的透镜组合来实现, 将前一个透镜(焦距 f_1)的后焦面与后一个透镜(焦距 f_2)的前焦面重合在一起, 对于一入射的高斯光束, 其光束直径 d 将会被放大 $f_2:f_1$ 倍.

(2) 圆偏振光的产生与检测.

通过一个偏振片和 1/4 波片可以产生圆偏振光, 当 1/4 波片的光轴与入射的线偏振光的偏振方向的夹角呈 45°时, 则可以得到左/右旋圆偏振光. 相应地, 在检测圆偏振光时, 待检测光先通过一个 1/4 波片变成线偏振光, 然后通过偏振片. 当偏振片与 1/4 波片的角度是 ±45°时, 则分别可以得到左/右旋圆偏振光的信息. ±45°与左/右旋圆偏振光直接的对应关系不确定, 实验中根据结果调整即可. 所以, 可首先进行波片光轴方向的测试: 两偏振片正

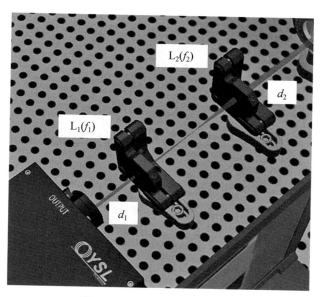

图 6-8 光束扩束实验示意图

交,在其中放置 1/4 波片,转动波片,当出射光强为零时则为其快/慢光轴方向. 具体实验操作界面如图 6-9 所示.

图 6-9 圆偏振光的产生与检测实验界面

步骤 1-2 测试透镜焦距.

通过上述光路可以测量物镜 O_2 前焦平面处的像. 在实验过程中,可以通过移动成像系统来改变 O_2 前焦面的位置,即改变 CCD 所记录的光场对应的"截面"的位置. 依次密集记录从样品表面开始的一系列"截面"的光场,并将每一个"截面"的光场信息拼接起来,即可得到一准三维的光场分布,进而判断超构透镜的焦距等信息. 在聚焦过程中,焦点位置一般光强最大,因此可以取聚焦过程中光强最大处作为焦点位置来计算焦距和相应的透射效率. 具体实验操作界面如图 6-10 所示.

注意聚焦过程中最大光强会有较大改变,焦点处的光强比透镜表面处的光强会大很多,而实验中需要能够准确读出所有位置的光强,因此在实验中一般会先对焦点附近进行成像,并调整入射光强和 CCD 的成像参数,使其最大光强略低于饱和光强,然后在该透镜的

图 6 - 10   透镜的焦距测试实验界面

整个测试过程中固定入射光的光强及 CCD 设定.

步骤 1 - 3   测试透镜效率.

沿着光的传播方向(z 轴)移动物镜 O_2,当得到超构透镜的像时,记录超构透镜轮廓的位置. 然后移动超构透镜样品至没有超构透镜的空白位置,用 CCD 记录此时的图像,并通过图像计算透过超构透镜轮廓位置的总光强. 再将超构透镜移到该位置,移到物镜 O_2,直至可以对超构透镜的焦点成像处,记录此时的图像,并对焦点的光强进行积分,记录总的光强. 焦点光强与超构透镜相同位置处直接透射的总光强之比即为超构透镜聚焦的效率.

(二) 消色差超构透镜的设计与实验

实验测试方法与"超构透镜的测试"方法相同.

测试普通透镜在 5 种不同波长下的焦距,波长分别为 400,450,520,590,640 nm,波长数量可根据具体操作情况调整. 本实验通过声光可调谐滤波器(AOTF)从超连续谱光源中选择所需测试波长的光组分. 实验可以在如图 6 - 11 所示的激光系统的控制界面选择相应的波长,设置其功率,并将该波长的工作状态切换到"ON",此时实验系统将测试相应波长的聚焦效果.

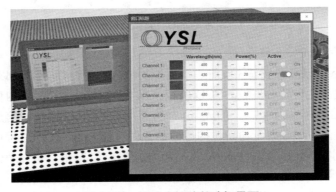

图 6 - 11   实验光源波长选择界面

完成普通超构透镜在 5 种不同波长下焦距的测试,测试光路如图 6 - 10 所示. 以上两种色散方向相反,可以作为对比,同时也是消色差方法的物理来源.

完成消色差超构透镜在 5 种不同波长下焦距的测试,测试光路如图 6 - 10 所示.

六、数据记录与处理

（一）数据记录

本实验主要通过 CCD 来记录不同位置处的图像信息,从而获得对应的光强分布信息,故图像与位置的关系需要记录清楚.

一般以超构透镜表面清晰成像处为参考位置 $(z=0)$,根据焦距的大小均匀选取 $50\sim100$ 个位置,记录存储 CCD 得到的相应图像,并记录其对应位置.

（二）数据处理

1. 超构透镜的焦距测量. 利用 Matlab 软件等读取由 CCD 记录的图像,并将其转换为灰度图数据,它们与该位置的光强分布信息相对应. 选取每幅图中通过透镜中心的、沿着 x 轴 $(y=0)$ 或者 y 轴 $(x=0)$ 的数据,并将它们取出组合成一组新的二维数据阵列,它们对应于 XOZ 平面(或者 YOZ 平面)的光强分布数据,由这组新的光强分布数据即可画出与图 6 - 12 相类似的光强分布图. 在该图中找出聚焦光束光强最大的位置,这个位置即超构透镜的焦点,它到超构透镜表面的距离即为透镜的焦距 f.

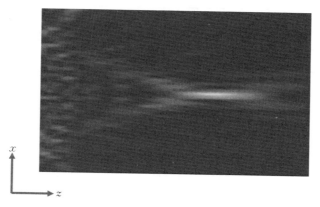

图 6 - 12　超构透镜聚焦光场分布示例(扫码观看彩图)

2. 超构透镜的效率测量. 选取超构透镜的焦点以及与超构透镜相同区域内直接透过非超构透镜部分的参考光的图像,通过 Matlab 软件分别读取两幅图像. 选取合适的焦点区域,一般是根据焦点的强度分布曲线,选择主极大强度接近零点的位置为其边界,对区域内的强度进行积分,得到焦点的总强度 I_f. 再对与超构表面区域相对应的参考光的强度积分,得到入射光的总强度 I_0,透镜的透射效率则为 $t=I_f/I_0$.

根据表 6 - 1 中的测试数据,分别画出普通超构透镜和消色差超构透镜的焦距、效率关系图,如图 6 - 13 所示.

表6-1 实验数据整理

序号	波长 λ(nm)	聚焦图像	焦距 f	透射率 t
1	400			
2				
3				

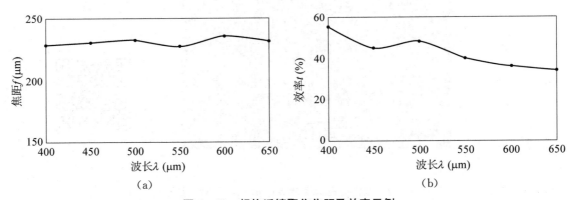

图6-13 超构透镜聚焦焦距及效率示例

(a)焦距;(b)效率

七、实验拓展

如何实现超构表面全息显示呢? 全息显示技术是现代光学的关键性技术,其可用于记录和重建某一目标物的全部波前信息,包括其相位与振幅. 近几十年来随着全息技术的高速发展,它已经在众多领域得到广泛应用,包括三维显示、数据存储、生物图像处理和电子断层扫描干涉等.但是,基于空间光调制器的传统全息技术仍面临一些挑战,如较窄的工作带宽、较小的视场角和较低的工作效率等,这些约束主要是由于空间光调制器具有较大的像素尺寸和固定的工作波长带来的.

超构表面的提出为全息技术开辟了新的道路.超构表面的像素单元通常为亚波长尺寸,远远低于传统空间光调制器的像素大小.正是由于这种亚波长空间分辨率,人们开始考虑利用超构表面来实现全息显示,以克服传统光学器件的约束,从而实现良好的空间分辨率、较宽的视场角和较高的工作效率,这为全息显示的应用提供了良好的平台.

在本实验拓展阶段,希望学生能够自主探索利用超构表面来实现全息显示的相关技术,包括理论设计原理和算法、数值模拟方法和过程、样品加工精度和尺寸、测量表征方法和处理、全息成像精度和效率等细节.

八、实验思考

(一)理论设计注意事项

在理论设计阶段,需要针对特定的功能来设计特殊的人工微结构,同时需要将不同的人工微结构按照一定的规则进行二维排布.

(1)当针对红外波长(如 $\lambda = 2\,\mu m$)进行设计时,选择人工微结构的周期通常在 $1\,\mu m$ 左右,而针对可见光(如 $\lambda = 700\,nm$)进行设计时,选择人工微结构的周期通常在 $300\,nm$ 左右.请思考样品尺寸大小和工作波长的关系.

(2)在理论设计中,往往考虑特定工作波长和偏振态下的响应.如果工作波长和偏振态相对理想状态发生偏离,其对于结果会有怎样的影响? 这种影响是好还是坏?

(二)制备注意事项

对于不同尺度的样品,一般会选择不同的加工方式;对于不同的材料选择,也会适度调整实验中的参数.这些实验细节都是决定实验能否成功的关键因素.

(1)电子束曝光和紫外光刻的精度分别是多少? 分别由哪些条件来约束? 在实验中可以通过哪些手段来进一步提高微加工的加工精度?

(2)理论设计样品的精度不能超过微加工技术的理论极限,这会让你得到哪些启示?

(3)对于一块 $100\,\mu m \times 100\,\mu m$ 的样品,用电子束光刻机来加工其成本是多少? 如果用紫外光刻来加工其成本是多少? 根据结果来评估未来超构表面的发展前景.

(三)表征注意事项

对于超构表面样品,由于其尺度较小,因此想要实现准确可靠的数据采集,在其测量过程中有许多值得注意的地方.

(1)测量中的三维精度.在利用微区系统对超构表面进行光谱测量的过程中,需要对样品进行精准对焦,应如何选择合适倍率的物镜、合适精度的三维位移平台?

（2）测量器件效率.器件的工作效率是评估器件性能的一个非常重要的指标,实验中采取积分的形式来测量器件的工作效率.如何能够保证测量可靠? 还有其他的测量手段吗?

本章参考文献

［1］ N. F . Yu, F. Capasso. Flat optics with designer metasurfaces ［J］. *Nat Mater*, 2014,13:139.

［2］ N. F. Yu, et al.. Light propagation with phase discontinuities: Generalized laws of reflection and refraction ［J］. *Science*, 2011,334:333.

［3］ V. V. Vorobev, A. V. Tyukhtin. Nondivergent cherenkov radiation in a wire metamaterial ［J］. *Physical Review Letters*, 2012,108:184801.

［4］ Y. Zhao, A. Alu. Manipulating light polarization with ultrathin plasmonic metasurfaces ［J］. *Phys. Rev. B*, 2011,84:205428.

［5］ N. K. Grady, et al.. Terahertz metamaterials for linear polarization conversion and anomalous refraction ［J］. *Science*, 2013,340:1304.

［6］ Y. M. Yang, et al.. Dielectric meta-reflectarray for broadband linear polarization conversion and optical vortex generation ［J］. *Nano. Lett.*, 2014,14:1394.

［7］ X. B. Yin, Z. L. Ye, J. Rho, Y. Wang, X. Zhang. Photonic spin hall effect at metasurfaces ［J］. *Science*, 2013,339:1405.

［8］ G. X. Zheng, et al.. Metasurface holograms reaching 80％ efficiency ［J］. *Nat. Nanotechnol*, 2015,10:308.

［9］ L. L. Huang, et al.. Three-dimensional optical holography using a plasmonic metasurface ［J］. *Nature Communications*, 2013,4:2808.

［10］ D. D. Wen, et al.. Helicity multiplexed broadband metasurface holograms ［J］. *Nat. Commun.*, 2015,6:8241.

［11］ X. P. Li, et al.. Athermally photoreduced graphene oxides for three-dimensional holographic images ［J］. *Nat. Commun.*, 2015,6:6984.

［12］ L. Wang, et al.. Grayscale transparent metasurface holograms ［J］. *Optica*, 2016, 3:1504.

［13］ B. Wang, et al.. Visible-frequency dielectric metasurfaces for multiwavelength achromatic and highly dispersive holograms ［J］. *Nano. Lett.*, 2016,16:5235.

［14］ C. Wang, et al.. Metasurface-assisted phase-matching-free second harmonic generation in lithium niobate waveguides ［J］. *Nat. Commun.*, 2017,8:2098.

［15］ F. Aieta, M. A. Kats, P. Genevet, F. Capasso. Multiwavelength achromatic metasurfaces by dispersive phase compensation ［J］. *Science*, 2015,347:1342.

［16］ S. M. Wang, et al.. Broadband achromatic optical metasurface devices ［J］. *Nat. Commun.*, 2017,8(1):187.

［17］ S. M. Wang, et al.. A broadband achromatic metalens in the visible ［J］. *Nat.*

Nanotechnol, 2018, 13:227.

[18] R. J. Lin, et al.. Achromatic metalens array for full-colour light-field imaging [J]. *Nat. Nanotechnol*, 2019, 14:227.

[19] M. Khorasaninejad, et al.. Metalenses at visible wavelengths: Diffraction-limited focusing and subwavelength resolution imaging [J]. *Science*, 2016, 352:1190.

第 7 章

分子超快动力学成像实验

一、实验目的

1. 了解超快激光前沿技术、原理和应用.
2. 掌握单色、双色飞秒激光光场的搭建.
3. 掌握氢分子与超快光场作用下的电子离子多体符合测量的操作.
4. 掌握氢分子电离解离超快动力学过程的高时间精度调控.

二、实验仪器及材料

飞秒脉冲激光器、光场调控系统(精密位移台等)、冷靶反冲动量谱仪(COLTRIMS)和 Cobold 数据采集软件、飞秒脉冲反射镜、二向色镜、BBO 晶体、渐变中性密度滤波片、斜劈对、光阑、纯度为 99.999% 的氢气.

三、实验原理

(一) 背景介绍

微观结构决定物质的宏观属性,这也是人类认识自然的重要基础. 从光学显微镜的发明到 X 射线衍射技术的发展,每一次突破都极大地提高了人们探索自然的能力,但突破主要集中在稳态信息的获得,而微观世界则是一个动态演化的过程. 例如,分子内原子核的运动通常在皮秒或飞秒的时间尺度,对应于分子结构的变化和相互作用,其背后的根本原因是电子阿秒时间尺度的运动. 所以,在其特征的时间(阿秒)和空间尺度(亚纳米)上,实现微观世界动态演化过程的测量与调控,是超快光物理研究的前沿领域,它不仅是理解物理机制、实现调控不可或缺的手段,而且有望揭示新的物理现象和机制,为新材料与结构设计提供新思路.

(二) 超快激光原理

激光在现代物理学、化学、生物学及材料学等多种学科研究中有广泛应用,它具有方向性好、单色性好、相干性好和强度高的特点,这些特殊的性质极大地促进了光与物质相互作用的研究. 在微观世界中,分子、原子或电子等微观粒子的运动速度极快,对应着更小的时间尺度. 图 7-1 展示了在不同时间尺度以及不同空间尺度下,人们可以观察到的各种微观粒子的运动情况. 分子的转动过程一般在皮秒($1\,\mathrm{ps}=10^{-12}\,\mathrm{s}$)量级,原子核的振动则在飞秒($1\,\mathrm{fs}=10^{-15}\,\mathrm{s}$)量级,而电子的运动已经达到阿秒($1\,\mathrm{as}=10^{-18}\,\mathrm{s}$)量级. 人们想要观察在如此小时间尺度上的微观粒子的运动过程,甚至进一步控制原子分子中电子的超快动力学过程,必须依赖超快激光技术发展所带来的超高时间分辨率. 本实验的核心要素之一是对飞秒脉冲激光系统的构造与功能的模拟.

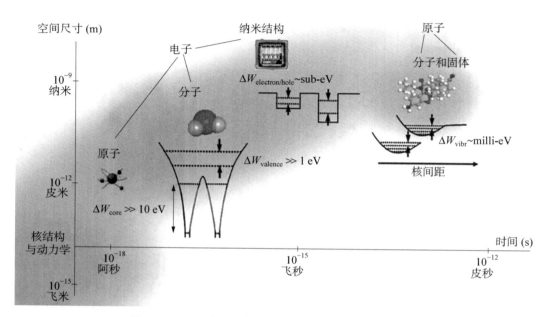

图 7-1　不同时空尺度下微观粒子的结构和动力学特征[*]

1. 飞秒脉冲的产生

飞秒激光系统使用钛宝石晶体作为增益介质,根据钛宝石晶体的克尔效应,折射率随光强度呈非线性变化:

$$n(\lambda,E)=n_0(\lambda)+S_1(\lambda)\cdot E+S_2(\lambda)\cdot E^2+\cdots. \tag{7-1}$$

对于克尔效应,电场的二阶非线性效应占主导,光强与电场强度之间满足平方关系. 光强越强折射率越大,介质对光斑强区的折射率比对弱区的折射率大,光斑发生自聚焦效应后光强增强. 与其他相对相位散乱的光脉冲相比,多纵模相干的脉冲能够在谐振腔内往返振荡、不断增强放大,从而"存活"下来. 其中,各频率的纵模之间建立稳定相位关系的过程称为锁模. 在光脉冲振荡过程中,增益介质的自聚焦以及在空气中传播会引入色散,采用负色散的啁啾镜与正色散的熔融石英斜劈对可实现色散补偿,获得超短飞秒脉冲.

* F. Krausz, M. Ivanov, Attosecond physics [J]. *Rev. Mod. Phys.*, 2009, 81:163.

2. 啁啾脉冲放大

振荡级输出的光脉冲能量在纳焦量级,远远低于强场物理实验的需求,需要继续对光脉冲能量进行放大.但是,随着脉冲峰值功率的急剧增加,介质的非线性效应越来越强,很快会达到材料的损伤阈强度.1985 年啁啾脉冲放大技术(CPA)发明,使得飞秒脉冲的能量提高了 6 个数量级(达到毫焦量级),物理学家 G. Mourou 和 D. Strickland 正是因发明CPA 技术而荣获 2018 年诺贝尔物理学奖.

在正常色散介质中,短波长的频率成分滞后(红快蓝慢),产生正啁啾;反之,在负色散介质中,长波长的频率成分滞后(红慢蓝快),产生负啁啾.CPA 技术就是先利用正色散的延展器展宽脉冲,再对正啁啾长脉冲进行放大,然后用光栅压缩器对放大后的脉冲进行压缩,获得超短、超强的傅里叶变换极限脉冲.啁啾脉冲放大技术基本原理如图 7 - 2 所示.

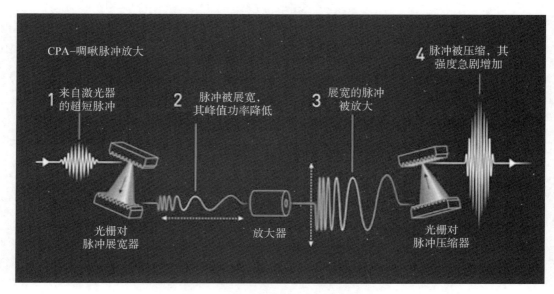

图 7 - 2　啁啾脉冲放大技术基本原理[*]

(三) 强场电离机制

在描述强激光场与介质相互作用过程中,电子电离是非常重要的物理过程.不同强度的激光场与原子相互作用时,其电离过程是不同的.常见的电离机制根据激光场条件不同,可以分为多光子电离(MPI)、阈上电离(ATI)、隧穿电离(TI)、越垒电离(OTBI)等,如图 7 - 3 所示.

理论上,往往用 Keldysh 参数来区分不同电离机制,其物理含义如下:处于束缚态的电子,在穿过整个势垒区域时所需的时间与外界激光场单个周期时间的比值可表示为

$$\gamma = \frac{\omega_{laser}}{\omega_{tunnel}} = \sqrt{\frac{I_p}{2U_p}}, \tag{7-2}$$

----

* 图片来源:www.nobelprize.org,本书作者将原图中的英文译为中文.

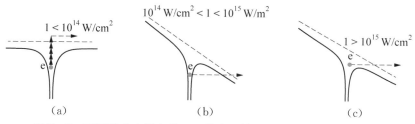

图 7-3　不同激光光强条件下 3 种常见的原子分子电离机制示意图

(a)多光子电离;(b)隧穿电离;(c)过势垒电离

其中,I_p 为电离能,U_p 为有质动力势能,在原子单位制下可以写成 $E_0^2/4\omega_0^2$,E_0 即激光电场强度,ω_0 为激光振荡的角频率.

当 $\gamma < 1$ 时,说明激光的电场强度远小于原子的库仑场强,单个光子能量不够大,原子分子中的电子将会吸收足够多的光子进行多光子电离;当 $\gamma \gg 1$ 时,则说明激光的电场强度足够大,能将电子周围的库仑势垒直接压低,此时电子电离主要通过隧穿电离或越垒电离.

(四)强场解离

对于原子而言,电离出电子后离子就会获得反冲动量,开始做单体运动;对于分子来说,发生电离后剩下的阳离子会形成核波包,其中包含各种不同动量和核间距的成分. 由于分子主要布居在基态上,因此电离释放的核波包的初始位置主要分布在分子基态的平衡间距附近. 随着核波包在阳离子的势能面上运动,达到某一阈值时会发生解离,产生正离子或中性原子分子碎片. 对于双原子分子而言,电离后的核波包会发生振动和转动,主要表现为核间距的拉伸、收缩以及分子轴的转动.考虑转动的时间尺度在皮秒量级,而振动的时间尺度在飞秒量级,因此核波包在势能曲线上运动时不考虑转动的影响,分子从电离开始直到解离,分子轴的方向几乎保持不变,即分子轴和实验室坐标系的夹角始终不变. 目前对分子解离机制的研究主要有键软化、阈上解离和重散射解离等.

本实验通过光场波形的精确调控,真实地呈现对氢分子强场电离解离过程的调控效果.

(五)电子离子三维动量符合测量谱仪工作原理

冷靶反冲动量谱仪是探测分子超快动力学产物的探测系统,用于测量飞秒脉冲和原子分子作用过程中产生的电子和离子动量信息,必须工作在超高真空环境. 电子探测器与离子探测器分别位于谱仪的两端,沿探测器方向定义为实验室坐标系的 z 轴;超声分子束源产生的分子束经过差分系统到达反应区,定义为 y 轴;时频域精确操控的激光脉冲通过熔融石英视窗(厚度为 1 mm)入射到真空腔内,被腔内银凹面镜($f = 75$ mm)聚焦到超声分子束上,传播方向沿 x 轴. 原子分子在强激光作用下发生电离解离,在匀强电场磁场的导引下,爆炸碎片被两端的电子离子探测器探测. 根据粒子的飞行时间以及落在探测器上的位置,可重建出电子离子的三维动量. 本实验的另一个核心要素是对冷靶反冲动量成像谱仪的构造、工作原理和功能的真实呈现,如图 7-4 所示.

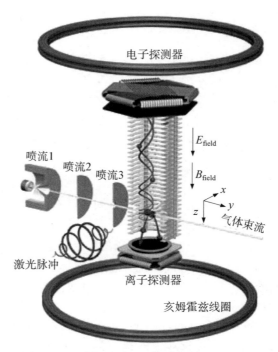

图 7-4   冷靶反冲动量成像谱仪结构示意图

1. 三维动量成像系统

超声分子束进入主腔后与激光焦点交叉,分子发生电离和解离,产生电子和离子碎片.带电粒子被施加在多级串联铜片上的匀强静电场引导至末端的微通道板(MCP)上进行信号倍增,如图 7-5 所示. MCP 是由上百万个微小通道组成的面阵型电子倍增器件. MCP 必须在高真空环境($<10^{-6}$ mbar)下工作,其上需要施加 $1\sim2\,\mathrm{kV}$ 的工作电压. 当带电粒子(电子、离子甚至是具有一定能量的中性粒子)撞击微通道内壁后,引发雪崩式电子倍增,放大原始触发信号. MCP 出射的次级雪崩电子团同时携带入射粒子的位置信息,可用延时线探测器对位置信息进行量化编码. 单个 MCP 微通道与表面成 $8°$ 夹角,多层 MCP 之间呈"之"字形排布. 对于一个双层 MCP,每个入射电子能激发出 $10^6\sim10^8$ 个次级电子.

图 7-5   谱仪系统

2. 数据采集与三维动量重构

使用 Cobold PC 数据采集软件将记录下的原始动量数据以列表格式(LMF)存入文件,供后续数据处理和分析.

对于四边形探测器,由于 U、V 层互相垂直,测得的位置信息直接与 x 轴、y 轴的位置信息相对应,如下式所示:

$$x_{uv} = u, \tag{7-3}$$

$$y_{uv} = v. \tag{7-4}$$

对于六边形探测器,需要经过坐标转换,从斜坐标系变换到直角坐标系. xy 平面的位置信息可以从 (u, v, w) 中任意两层延迟线的位置信息经坐标转换后得到. 从 $60°$ 斜坐标系转换为直角坐标的公式如下:

$$\left. \begin{aligned} x_{uv} &= u, \\ y_{uv} &= \frac{1}{\sqrt{3}}(2v - u), \\ x_{uw} &= u, \\ y_{uv} &= \frac{1}{\sqrt{3}}(2w + u), \\ x_{vw} &= v - w, \\ y_{vw} &= \frac{1}{\sqrt{3}}(w + v), \end{aligned} \right\} \tag{7-5}$$

垂直 xy 平面的 z 轴动量信息可由粒子的飞行时间(TOF)得到. 离子从激光焦点出射后只受到 z 方向的电场力(忽略重力),在 xy 方向做匀速运动,在 z 方向做匀加速运动. 根据经典的牛顿运动方程,计算离子的初始角动量如下式所示:

$$\left. \begin{aligned} P_{x_0} &= m \cdot x / t_{\text{TOF}}, \\ P_{y_0} &= m \cdot y / t_{\text{TOF}}, \\ P_{z_0} &= m \cdot L / t_{\text{TOF}} - \frac{1}{2} E q t_{\text{TOF}}. \end{aligned} \right\} \tag{7-6}$$

其中, m/q 为离子质荷比, t_{TOF} 为飞行时间, L 为谱仪长度, E 为电场强度.

根据动量守恒定律挑选出从同一个分子出射的碎片离子进行符合测量,可以有效地提高信噪比,从符合通道精确地还原激光和物质相互作用的超快动力学过程.

本实验对实验环境(超净实验室)、实验核心仪器设备和相关物理过程进行了真实还原. 仪器包括飞秒脉冲激光器、冷靶反冲动量谱仪等,对光场调控系统也进行了还原. 实验中核心仪器的构造和原理都有所体现,充分展现了实验涵盖的知识点. 虚拟仿真实验的操作过程与真实实验相比,达到了极高的还原度,并且还能够更清晰地展现实验原理.

四、实验内容

(一) 氢气分子在单束 800 nm 超短飞秒脉冲激光下的电离解离

利用界面所给的光学元件,选择必要元件搭建光强可控的 800 nm 超短脉冲激发光场,将飞秒脉冲光束引入 Coltrims 实验真空腔中,与腔内的氢气分子相互作用,测量电离解离过程所产生的电子和离子的空间动量分布情况. 超快激光与分子相互作用过程如图 7 - 6 所示.

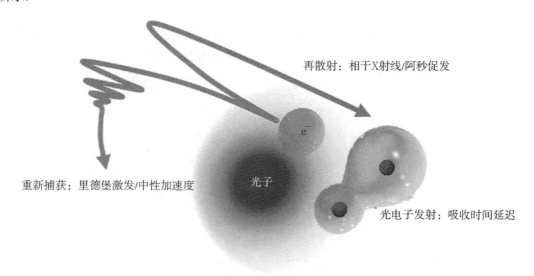

再散射：相干X射线/阿秒促发

重新捕获：里德堡激发/中性加速度

光子

e^-

光电子发射：吸收时间延迟

图 7 - 6　超快激光与分子相互作用过程示意图

（二）氢气分子在单束 400 nm 超短飞秒脉冲激光下的电离解离

特定分子存在特定的势能分布, 当使用光子激发分子波包运动时, 不同能量的光子将会诱发不同的波包运动, 从而产生特定的调控效果. 分子核波包在势能面上的动力学示意图如图 7 - 7 所示. 本实验在飞秒激光放大级输出的 800 nm 飞秒脉冲基础上, 通过 BBO 晶

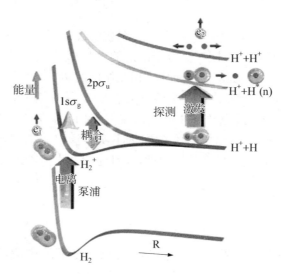

能量

e_2

$H^+ + H^+$

$2p\sigma_u$

$H^+ + H^*(n)$

$1s\sigma_g$

探测　激发

e_1

耦合

$H^+ + H$

H_2^+

电离

泵浦

H_2

R

图 7 - 7　分子核波包在势能面上的动力学示意图

体倍频产生 400 nm 飞秒脉冲,再经过光场的选择,将纯净的 400 nm 脉冲输入 Coltrims 实验真空腔中与氢气分子相互作用,观测这种特性波长激发的超快动力学特性,并与前一个 800 nm 脉冲激发的实验结果进行对比.

（三）氢气分子在"400 nm + 800 nm"飞秒脉冲双色激光场下的电离解离

飞秒脉冲双色场在超快动力学调控方面发挥了重要作用. 当控制飞秒脉冲基频光和倍频光的相干合成时,能够产生波形精确调控的具有空间非对称性的飞秒脉冲,这种光脉冲能够产生瞬时非对称的光电场,从而对原子分子的超快动力学过程产生新颖的调控作用. 在本实验中,学生选择光学平台上的必要光学元件,实现飞秒脉冲的倍频和精密操控,搭建飞秒脉冲双色场,并与真空腔中的氢气分子进行相互作用,观测分子的电离解离特性. 通过精密操控两束飞秒脉冲的相位差,实现氢分子超快电离解离过程的高精度调控. 飞秒脉冲双色场实验示意图如图 7 - 8 所示.

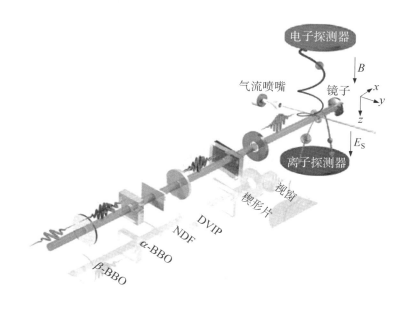

图 7 - 8 飞秒脉冲双色场实验示意图

五、实验步骤

1. 操作飞秒脉冲激光器,搭建飞秒脉冲单色及双色激光光场.

步骤 1 - 1 开启振荡级、放大级水冷机,检查水冷温度,如图 7 - 9 所示.

步骤 1 - 2 开启振荡级、放大级泵浦源开关,锁模. 开启泡克尔盒、"Dazzler",加高压,如图 7 - 10 所示.

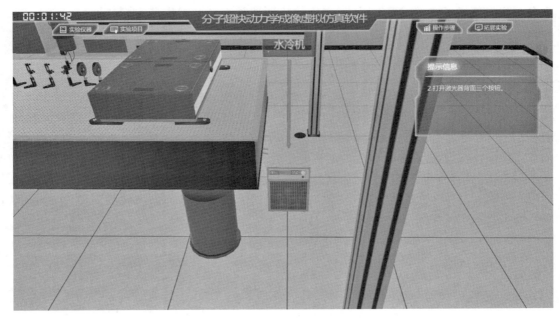

图 7 - 9　步骤 1 - 1 实验操作界面图

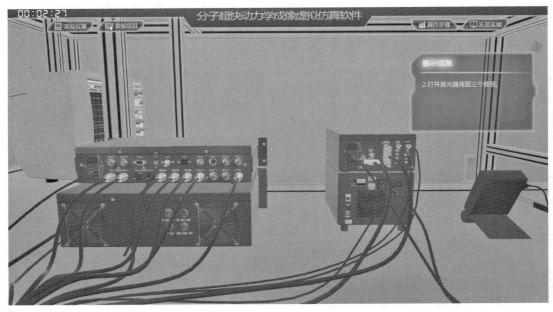

图 7 - 10　步骤 1 - 2 实验操作界面图

步骤 1 - 3　点击"Evolution"的电源开关,如图 7 - 11 所示.

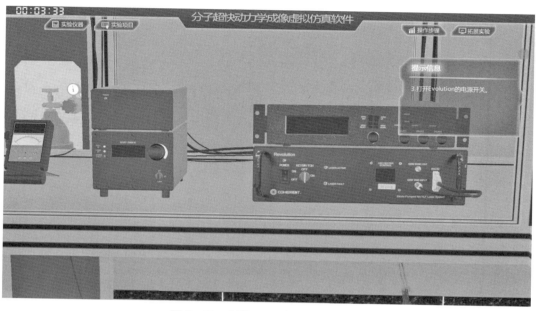

图 7-11 步骤 1-3 实验操作界面图

步骤 1-4 打开 Vitara 软件,如图 7-12 所示.

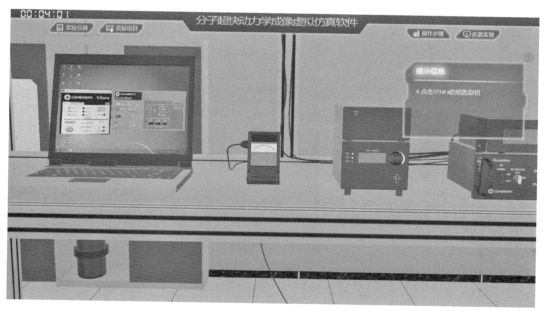

图 7-12 步骤 1-4 实验操作界面图

步骤 1-5 点击"Vitara"的钥匙旋钮,如图 7-13 所示.

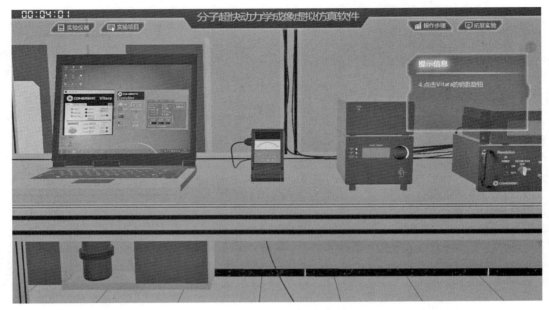

图 7－13　步骤 1－5 实验操作界面图

步骤 1－6　点击"REMOTE"按钮,如图 7－14 所示.

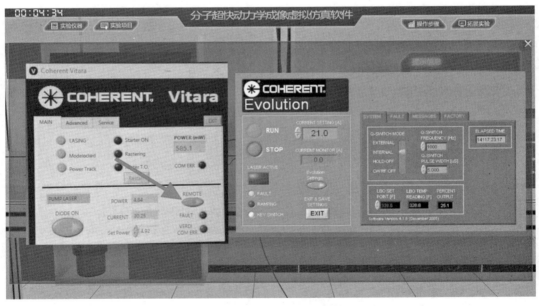

图 7－14　步骤 1－6 实验操作界面图

步骤 1－7　点击"Evolution"的钥匙旋钮,如图 7－15 所示.

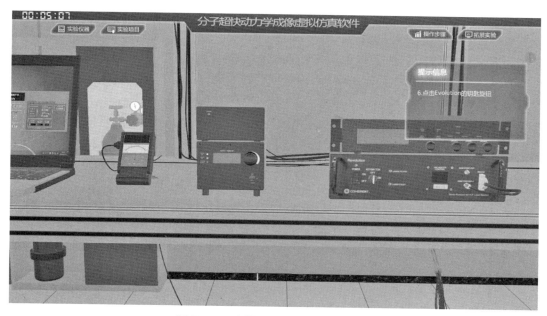

图 7 - 15　步骤 1 - 7 实验操作界面图

步骤 1 - 8　点击"Evolution"的"Run"按钮,如图 7 - 16 所示.

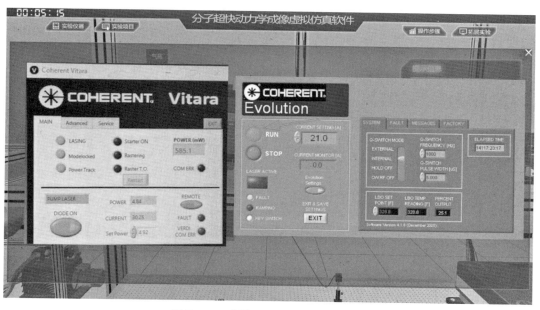

图 7 - 16　步骤 1 - 8 实验操作界面图

步骤 1 - 9　点击遮光罩,将遮光罩打开,输出激光,如图 7 - 17 所示.

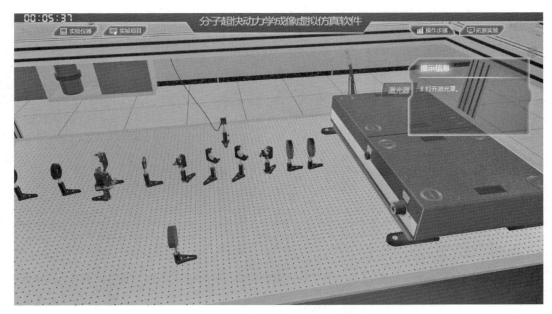

图 7–17　步骤 1–9 实验操作界面图

步骤 1–10　点击"实验项目",选择氢分子在 800 nm 飞秒激光波长作用下的电离解离实验内容,如图 7–18 所示.

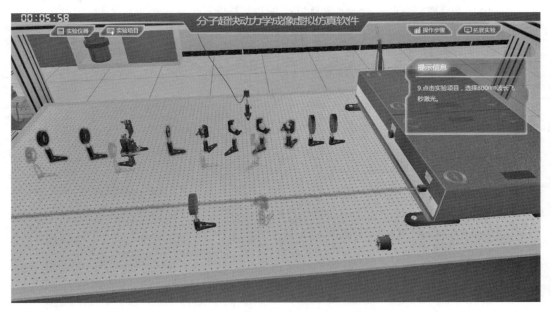

图 7–18　步骤 1–10 实验操作界面图

步骤 1–11　放置 BBO 晶体、反光镜、滤波片、光阑,搭建实验光路,如图 7–19 所示.

图 7-19 步骤 1-11 实验操作界面图

2. 掌握冷靶反冲动量成像谱仪的工作原理,会使用其进行数据采集.

步骤 2-1 打开实验气体,如图 7-20 所示.

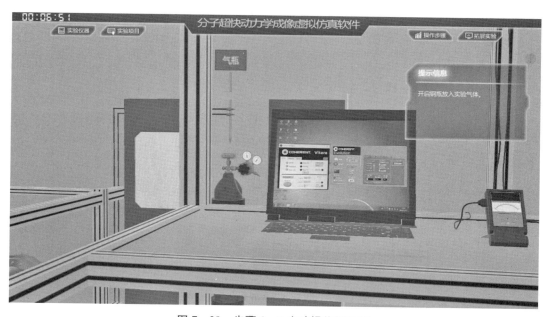

图 7-20 步骤 2-1 实验操作界面图

步骤 2-2 开启 CoboldPC 数据采集软件. 找到对应的界面,横轴为离子飞行时间 "TOF",纵轴为离子打在探测器上的位置"POSY",如图 7-21(a)所示,观察氢气解离通道电离结果.按"F2"键可以观察电离动画,如图 7-21(b)所示.

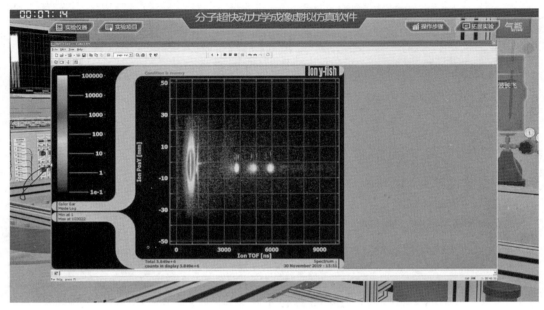

(a)

(b)

图 7-21　步骤 2-2 实验操作界面图

(a)对应的界面;(b)电离动画的观察

步骤 2-3　点击"实验项目",选择氢分子在 400 nm 飞秒激光波长作用下的电离解离实验内容,如图 7-22 所示.

图 7‑22　步骤 2‑3 实验操作界面图

步骤 2‑4　放置 BBO 晶体、检偏器格兰棱镜、反光镜、滤波片、光阑，搭建实验光路，如图 7‑23 所示.

图 7‑23　步骤 2‑4 实验操作界面图

步骤 2‑5　开启 CoboldPC 数据采集软件，观察对应现象，如图 7‑24 所示.

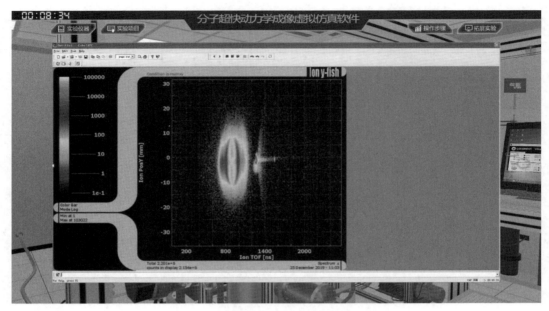

图 7 - 24　步骤 2 - 5 实验操作界面图

六、数据记录与处理

　　根据导出的数据,用 Origin 软件绘制图像,并填写表 7 - 1.

表 7 - 1　实验数据整理

序列	参数	绘制图像	分值(共 40 分)
1			20 分
2			10 分
3			10 分

注:实验数据记录与处理满分为 40 分.

七、实验拓展

1. 点击"创新实验"按钮,完成氢分子在 400 nm 和 800 nm 飞秒激光波长作用下的电离解离实验内容.

2. 在当前实验基础上,去掉二向色镜,令 400 nm 和 800 nm 的飞秒脉冲共线传播. 在光路中加入不同厚度的 α‐BBO 用来补偿正色散,再加入一对斜劈,其中一只放在平移台上,通过精确控制材料插入厚度来精确补偿光路中的正负色散. 并且通过平移台控制斜劈对的插入量,还能控制两束飞秒光之间的相对相位,从而调控飞秒脉冲的波形. 将光导入 COLTRIMS 腔内,打开气体,开启 CoboldPC 数据采集软件,扫描平移台,采集数据.

八、实验思考

学习根据自身掌握的光学知识,自主选择合适的光学元件搭建光路,完成飞秒脉冲 800 nm 单色光场、400 nm 单色光场和"800＋400 nm"双色光场的构建. 对实验现象和实验结果进行分析,总结后完成实验报告.

本章参考文献

[1] J. Qiang, I. Tutunnikov, P. Lu, K. Lin, W. Zhang, F. Sun, Y. Silberberg, Y. Prior, I. Sh. Averbukh, J. Wu. Echo in a single vibrationally excited molecule [J]. *Nature Physics*, 2020, 16:328.

[2] Q. Ji, S. Pan, P. He, J. Wang, P. Lu, H. Li, X. Gong, K. Lin, W. Zhang, J. Ma, H. Li, C. Duan, P. Liu, Y. Bai, R. Li, F. He, J. Wu. Timing dissociative ionization of H_2 using a polarization-skewed femtosecond laser pulse [J]. *Phys. Rev. Lett.*, 2019, 123:233202.

[3] P. Lu, J. Wang, H. Li, K. Lin, X. Gong, Q. Song, Q. Ji, W. Zhang, J. Ma, H. Li, H. Zeng, F. He, J. Wu. High-order above-threshold dissociation of molecules [J]. *PNAS*, 2018, 115:2049.

[4] X. Gong, P. He, Q. Song, Q. Ji, H. Pan, J. Ding, F. He, H. Zeng, J. Wu. Two-Dimensional directional proton [J]. *Phys. Rev. Lett.*, 2014, 113:203001.

第 **8** 章

高光谱压缩超快成像实验

一、实验目的

1. 理解高光谱压缩超快成像技术的基本原理.
2. 理解高光谱压缩超快成像图像重构的算法思想.
3. 掌握高光谱压缩超快成像系统的搭建以及超快动态场景的测量方法.
4. 了解高光谱压缩超快成像技术的应用领域.

二、实验仪器

飞秒激光器、数字微镜器件(DMD)、条纹相机(SC)、数字延迟脉冲发生器(DG645)、分束晶体、反射镜、透射式光栅等.

三、实验原理

（一）实验背景

压缩超快成像技术是目前成像速度最快的单次接收式成像技术,能够直观地捕获并记录发生在超短时间尺度的动态过程,是用于研究物理、化学、生物等领域超快现象的强有力工具. 而高光谱压缩超快成像技术进一步拓展了压缩超快成像的探测维度,实现了空间-时间-光谱四维信息的单次超快采集,兼具成像速度快、采集信息维度高、单次测量等技术优势,尤其适合于不可重复的超快现象过程观测. 目前它已成功应用于超短激光脉冲的空间光谱演化测量、荧光动力学的空间光谱演化分析等过程. 高光谱压缩超快成像技术采集的多维信息对于超快过程的分析处理和机理研究提供了丰富的条件. 此外,该技术在惯性约束聚变冲击波面阵测速等国家重大战略需求方面也有重要应用.

（二）高光谱压缩超快成像技术的发展

超快事件的成像记录在科学研究与实际应用中都有非常重要的作用,因此人们对超快成像进行了孜孜不倦的探索. 直到 20 世纪,超快成像技术才有了重大突破. 例如,转镜相机每秒可以记录超过 10^5 帧. 随着半导体器件的发展,CMOS 和 CCD 图像传感器获得了广泛的应用,成像速度可以达到 10^7 fps. 但是,受电子存储和读取速度的影响,CMOS 和 CCD 的成像速度无法进一步提高. 对于很多超快事件的观测来说,这样的成像速度仍然不够,因此科学家仍在一直探索成像速度更快的相机. 近年来多种超快成像技术被发明,这些超快成像技术可以分为主动照明超快成像和接收式超快成像两类. 顾名思义,主动照明成像需要特定的照明光,这类成像技术一般是把照明光的相位、频谱或者相位信息通过计算转换为时间信息,用照明光的时间信息来反演动态过程;而接收式超快成像不需要特定的照明光,只要动态过程发光就可以进行记录,对于不发光的过程通过照明也可以进行成像记录,这类成像技术通过对携带动态过程的光学信息进行操作来反演时间信息,因此接收式成像系统更加接近于传统的相机,应用领域十分广泛.

加州理工大学的 Lihong V. Wang 团队在 2014 年提出了压缩超快成像技术,并利用这种单次接收式成像技术首次拍摄到空间光的传播、反射和折射现象. 压缩超快成像技术使用具有超快时间分辨的条纹相机. 条纹相机的常规使用方法是利用细小的狭缝对一维线阵场景进行成像,以避免不同时刻场景的交叠. 但是,压缩超快成像技术将狭缝完全打开,对场景进行二维图像成像. 尽管不同时间的图像会叠加在一起,但利用预先施加的空间编码和图像重构算法可以把这些叠加在一起的图像还原出来. 最早压缩超快成像技术的成像速度可以达到 10^{11} fps,单次成像帧数大于 100,单帧的像素数为"150×150". 由于压缩超快成像技术是被动式成像,对一些自发光的现象(如生物荧光)有很大优势. 与现存的主动式超快成像技术相比,压缩超快成像技术不需要特定的照明光,而主动照明超快成像不仅需要特定的照明光,并且单次成像序列帧数很少;与现存的接收式超快成像技术相比,压缩超快成像成像速度很快,已经达到主动照明超快成像的水平. 所以,压缩超快成像技术是现有超快成像技术中最有潜力的一种.

压缩超快成像技术因其出色的成像性能吸引了研究人员的广泛关注,这项技术本身也获得了不断的发展. 2015 年,外置相机被引入压缩超快成像系统中,用于记录未经编码偏转的场景信息,为图像重构提供空间和强度约束,以提高图像的重构质量. 2017 年,Lihong V. Wang 团队同时收集压缩超快成像系统中的微镜阵列器件两个反射方向的光束,充分利用互补编码的两个通道,实现了高质量的无损压缩超快成像. 2018 年,通过对压缩超快成像系统的器件和结构改进提出了 T-CUP,将成像速度推进到 10^{13} fps. 同年,张诗按课题组提出了通过优化编码模式提高压缩超快成像质量的方案. 2019 年,该课题组提出了增广拉格朗日算法,用于提高压缩超快成像的图像重构质量. 2020 年,Lihong V. Wang 团队提出了压缩超快光谱成像技术 CSUP,利用宽带照明光的色散调制,进一步提高成像速度,达到 $7×10^{13}$ fps. 此外,他们结合双目视觉和偏振控制,实现了立体偏振压缩超快成像 SP-CUP,还提出了多通道压缩超快成像技术,通过增加采样的通道数量,提高采样率来增强成像的质量. 同年,Jinyang Liang 课题组通过特殊设计的条纹相机光阴极结构,搭建了紫外压缩超快成像系统 UV-CUP,将压缩超快成像技术推广到紫外波段. 2021 年,张诗按课题组分别提出了基于全变分-分块匹配三维滤波的重构算法 TV-BM3D 和增广拉格朗日-深度学习混合算法 AL-DL,进一步提升了压缩超快成像的图像重构质量,还提出了分子排列辅助的压缩超快成像技术方案,有望将成像速度提升到 10^{14} fps. 其中,张诗按课题组提出的高光谱压缩超快成像技术增加了光谱测量能力,将压缩超快成像技术测量维度从三维推进到四维,实现了超快动态场景的空间-时间-光谱四维测量.

（三）高光谱压缩超快成像技术的成像原理

典型的压缩超快成像系统的结构如图 8-1 所示,待测的动态场景首先经过一个相机镜头和由中级透镜与物镜组成的 4f 成像系统后,成像在一台数字微镜器件上,利用 DMD 对待测场景进行空间编码.随后由 DMD 反射出的编码场景经过同一个 4f 成像系统收集,经分束器反射后入射到条纹相机进行偏转和测量.

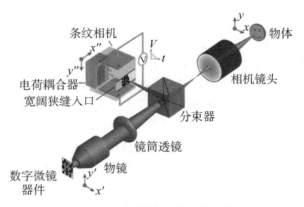

图 8-1　压缩超快成像系统结构 *

数字微镜器件包含数百万个能够独立翻转±12°的微型反射镜(表示开启或关闭状态).通过对 DMD 加载二进制编码,控制相应微型反射镜的开启与关闭状态,进而实现对投影在 DMD 上的动态场景进行空间编码.

条纹相机的工作原理如图 8-2 所示.当条纹相机工作时,入射光先经过条纹相机前端的狭缝,照射到光阴极上.由于光电效应产生电子,电子被加速后进入条纹管.经条纹管偏转后的电子入射到微通道板上,在这里电子被倍增,再到达荧光屏进行成像.条纹管中施加了横向(上下方向)的扫描电场,该电场随时间线性变化,因此不同时刻的电子受到的横向电场力大小不同,使得不同时刻的电子到达荧光屏的横向(上下方向)的位置不同.所以,入射光的时间信息就转换为荧光屏上的位置信息.条纹相机的常规使用方法是利用前端的狭缝只采集一维线阵空间信息,这是为了避免二维信息因偏转产生空间叠加混合的现象.但是,在压缩超快成像系统中,狭缝被完全打开,二维的空间场景入射到光阴极上.由于预先加载了编码,虽然不同时刻的场景发生了交叠,但仍然能够通过算法将动态场景进行还原.

压缩超快成像的图像采集过程可以用数学模型表示,如图 8-3 所示.对于待测的三维动态场景(含空间二维、时间一维),空间编码过程可以用数学算符 C 表示,时间偏移过程可以用算符 S 表示,时间空间叠加过程可以用数学算符 T 表示.如果把原始动态场景记为

* L. Gao, J. Liang, C. Li, L. V. Wang. Single-shot compressed ultrafast photography at one hundred billion frames per second [J]. *Nature*, 2014,516:74.

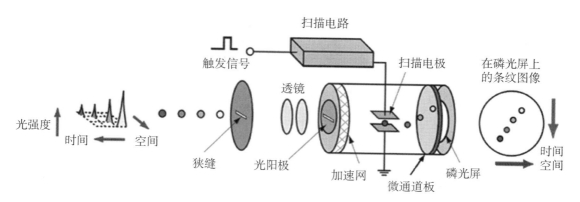

图 8-2　条纹相机结构及工作原理[*]

$I(x, y, t)$,编码偏置叠加得到的信息为 $E(x', y')$,这个记录信息的过程可以用数学公式表示为

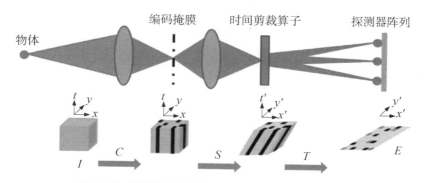

图 8-3　压缩超快成像技术图像采集的数学模型[**]

$$E(x', y') = TSCI(x, y, t). \tag{8-1}$$

高光谱压缩超快成像技术在传统压缩超快成像的基础上,在条纹相机前引入透射式光栅,使得采集的动态场景除了在竖直方向上进行时间偏移操作以外,还在水平方向引入了光谱偏移的操作,如图 8-4 所示.

对于高光谱压缩超快成像过程,如果记 $O = MTSC$,其中,算符 M 表示光谱偏移过程,那么采集到的图像可以表示为

$$E(x', y') = OI(x, y, t, \lambda). \tag{8-2}$$

---

[*] 参见 https://www.hamamatsu.com.cn/content/dam/hamamatsu-photonics/sites/documents/99_SALES_LIBRARY/sys/SHSS0006E_STREAK.pdf.

[**] C. Yang, D. Qi, F. Cao, Y. He, X. Wang, W. Wen, J. Tian, T. Jia, Z. Sun, S. Zhang. Improving the image reconstruction quality of compressed ultrafast photography via an augmented Lagrangian algorithm [J]. *J. Optics*, 2019,21:35703.

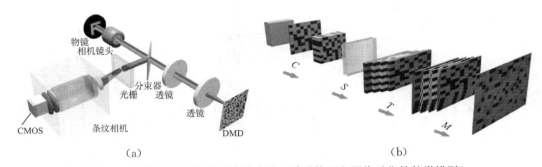

图 8 - 4　高光谱压缩超快成像技术的系统结构图和图像采集的数学模型*

(a)系统结构图;(b)图像采集数学模型

（四）高光谱压缩超快成像的图像重构原理

压缩超快成像过程将四维信息 $I(x, y, t, \lambda)$ 变成二维信息 $E(x', y')$,那么待测场景的还原过程就是要从测得的二维图像 $E(x', y')$ 和观测算符 O 还原出待测的动态场景 $I(x, y, t, \lambda)$,也就是对式(8-2)进行逆问题求解. 显然,四维信息 I 所含的数据量要远大于二维信息 E 所含的数据量,因此式(8-2)的逆问题求解是一个欠定问题,这里需要用到基于压缩感知(CS)的算法,对式(8-2)进行逆问题求解. CS首先选择一个稀疏域,把式(8-2)的逆问题求解变换成一个约束性问题:

$$\min_{I} \Phi[I(x, y, t, \lambda)] \text{ subject to } E(x', y') = OI(x, y, t, \lambda), \qquad (8-3)$$

其中,$\Phi[I(x, y, t, \lambda)]$ 是 $I(x, y, t, \lambda)$ 的稀疏变换. 为了重构原始的超快动态场景 $I(x, y, t, \lambda)$,采用凸全变分(TV)模型,它可以表示为

$$\begin{cases} \min\limits_{I(x, y, t, \lambda)} \Phi_{TV}[I(x, y, t, \lambda)], \\ \text{s. t. } E(x', y') - OI(x, y, t, \lambda) = 0'. \end{cases} \qquad (8-4)$$

目前针对压缩超快成像图像重构使用最多的算法是两步迭代阈值收缩算法(TwIST),还有鲁棒性更好的增广拉格朗日算法等.

四、实验内容

1. 高光谱压缩超快成像测量荧光动力学过程.
2. 高光谱压缩超快成像测量皮秒脉冲四维演化.

---

* C. Yang, F. Cao, D. Qi, Y. He, P. Ding, J. Yao, T. Jia, Z. Sun, S. Zhang. Hyperspectrally compressed ultrafast photography [J]. *Phys. Rev. Lett.*, 2020,124:23902.

五、实验步骤

1. 高光谱压缩超快成像测量荧光动力学过程.

步骤 1 – 1 进入虚拟仿真系统"实验项目"选择界面,并选择"测量荧光动力学成像"项目,如图 8 – 5 所示.

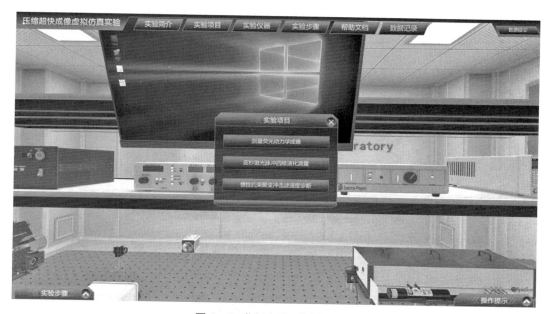

图 8 – 5 "实验项目"选择界面

步骤 1 – 2 开启激光器水冷开关,并检查水冷温度,如图 8 – 6 所示.

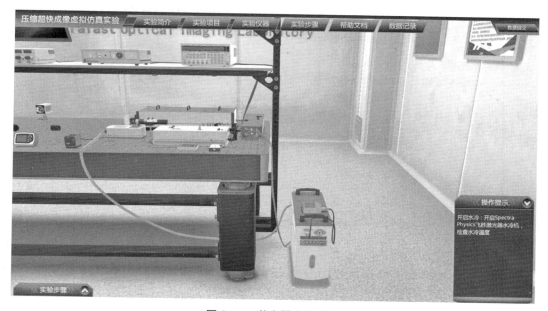

图 8 – 6 激光器水冷界面

步骤 1‐3 开启激光器振荡器控制器开关,并设定功率,如图 8‐7 所示.

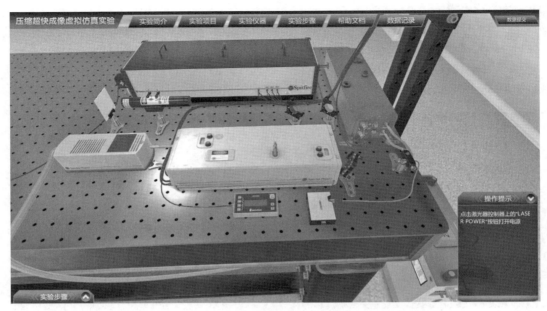

图 8‐7 飞秒激光器界面

步骤 1‐4 在电脑上打开光谱仪软件,并调整光谱显示范围.测量激光器振荡器输出光的光谱,如图 8‐8 所示.

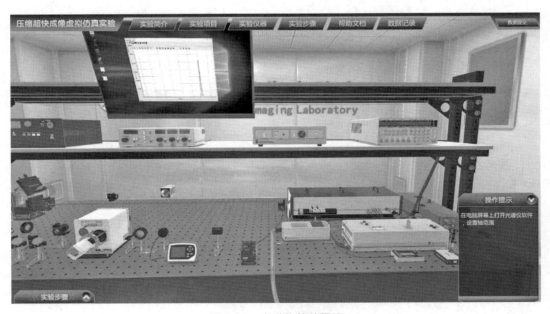

图 8‐8 光谱仪软件界面

步骤 1‐5 调节激光器振荡器的内侧旋钮进行锁模操作,根据其输出光谱,判断锁模状态,如图 8‐9 所示.

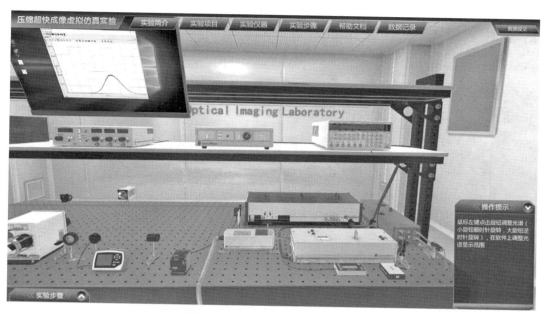

图 8-9 激光器振荡器操作界面

步骤 1-6 开启激光器放大级泵浦电源,增加电流至 15.6 A,如图 8-10 所示.

图 8-10 激光器放大级泵浦电源界面

步骤 1-7 根据提示摆放光学元件,搭建用于拍摄荧光动力学过程的高光谱压缩超快成像实验光路,如图 8-11 所示.

图 8 - 11   用于拍摄荧光动力学过程的高光谱压缩超快成像光学元件界面

步骤 1 - 8   将激光笔输出的激光作为照明光源,引入高光谱压缩超快成像的光路,用来进行编码模式的测量操作,如图 8 - 12 所示.

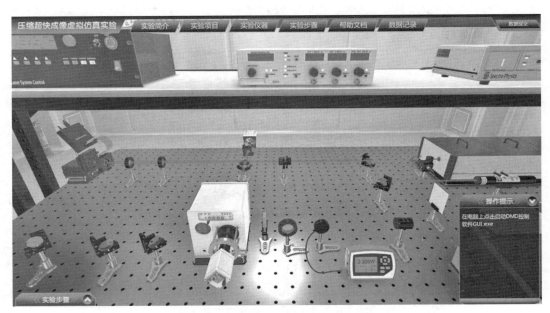

图 8 - 12   高光谱压缩超快成像系统的编码测量光路界面

步骤 1 - 9   在电脑上打开 DMD 控制软件,选择并加载相应的编码文件,如图 8 - 13 所示.

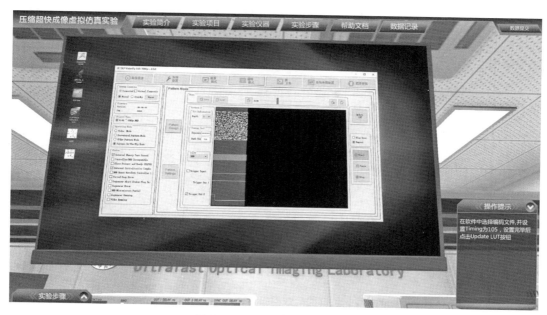

图 8 - 13　DMD 控制软件界面

　　步骤 1 - 10　开启条纹相机电源,并在电脑上打开条纹相机数据采集软件,如图 8 - 14 所示.

图 8 - 14　条纹相机数据采集软件编码图像采集界面

　　步骤 1 - 11　设定条纹相机的采集模式为"静态模式","Mode"设置为"Focus",并调节 "增益 II-Gain"使图像清晰.点击"sequence control"中的"start",采集编码图像,并单击右键 将文件保存在桌面上,如图 8 - 15 所示.

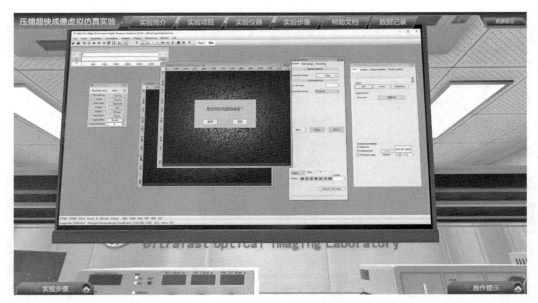

图 8-15　条纹相机数据采集软件图像保存界面

步骤 1-12　调整光路结构,将盛有罗丹明 B 溶液的比色皿放置在光路中.将飞秒激光引入光路聚焦在比色皿上,使得产生的荧光信号被高光谱压缩超快成像系统接收,如图 8-16 所示.

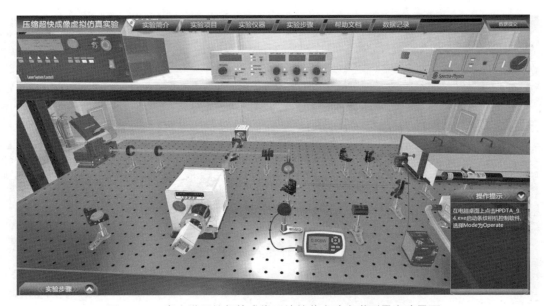

图 8-16　高光谱压缩超快成像系统的荧光动力学测量光路界面

步骤 1-13　在条纹相机图像采集软件中,将"采集模式"切换为"偏转工作模式","Mode"设置为"operate",并点击"acquire control"中的"live",查看采集到的图像,如图 8-17 所示.

图 8 - 17　条纹相机数据采集软件模式设置界面

步骤 1 - 14　打开信号延迟控制器 DG645,将触发模式设置为"外部上升沿触发",如图 8 - 18 所示.

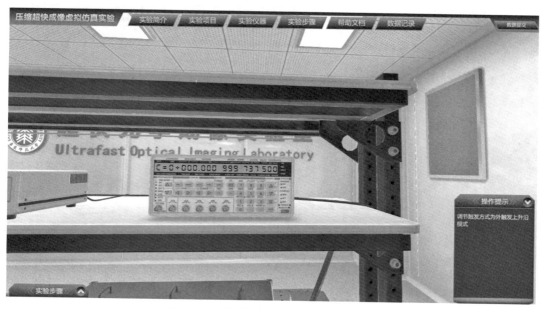

图 8 - 18　信号延迟控制器 DG645 界面

步骤 1 - 15　调整飞秒激光触发信号与条纹相机曝光信号之间的延迟,使得条纹相机捕捉到的偏转图像出现在视场中心位置,如图 8 - 19 所示.

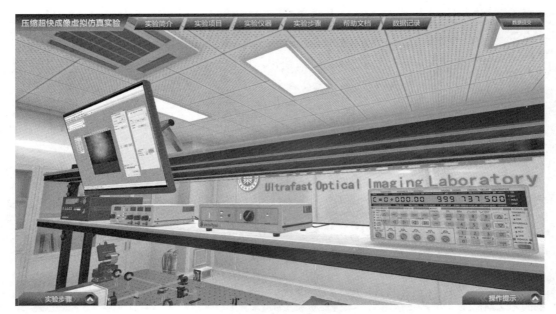

图 8‑19　信号延迟控制器 DG645 调节界面

步骤 1‑16　调整条纹相机控制软件中的"增益 II‑Gain"使图像清晰. 点击"sequence control"中的"start",采集偏转图像,并单击右键将文件保存在桌面上,如图 8‑20 所示.

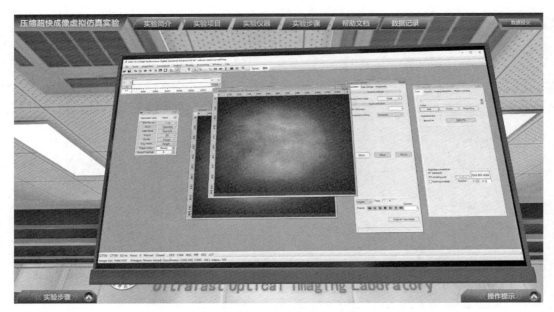

图 8‑20　条纹相机数据采集软件场景图像采集界面

步骤 1‑17　在电脑上打开压缩超快成像图像重构程序,选择适当的重构算法和迭代参数进行图像重构,如图 8‑21 所示. 数据重构结果如图 8‑22 所示.

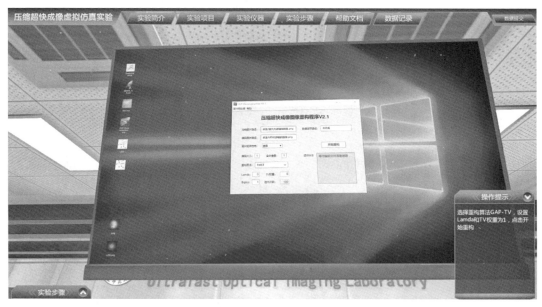

图 8 - 21 压缩超快成像图像重构程序参数设置界面

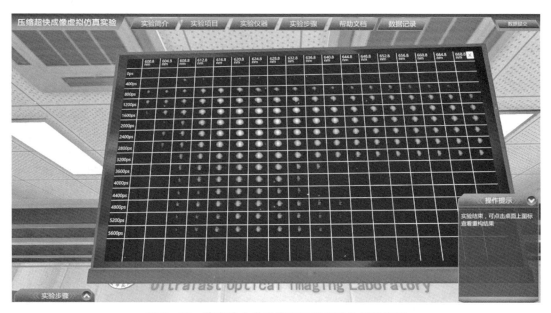

图 8 - 22 荧光动力学成像实验数据重构结果界面

2. 高光谱压缩超快成像测量皮秒脉冲四维演化.

步骤 2 - 1 根据提示摆放光学元件,搭建高光谱压缩超快成像的实验光路,如图 8 - 23 所示.

图 8 - 23　用于拍摄皮秒脉冲四维演化的高光谱压缩超快成像系统光路界面

　　步骤 2 - 2　开启飞秒激光器后,调节激光器的啁啾控制器,将激光器的输出脉冲进行展宽,得到皮秒啁啾脉冲,如图 8 - 24 所示.

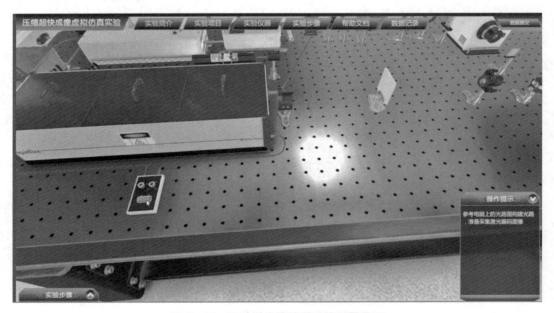

图 8 - 24　飞秒激光器的啁啾控制器界面

　　步骤 2 - 3　将激光笔输出的激光作为照明光源,引入高光谱压缩超快成像的光路,用来进行编码模式的测量操作,如图 8 - 25 所示.

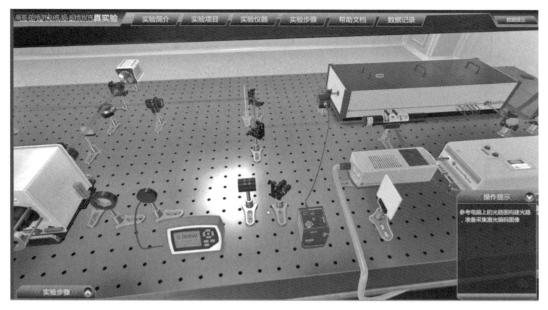

图 8 - 25　高光谱压缩超快成像系统的编码测量光路界面

步骤 2 - 4　在电脑上打开 DMD 控制软件,选择并加载相应的编码文件,如图 8 - 26 所示.

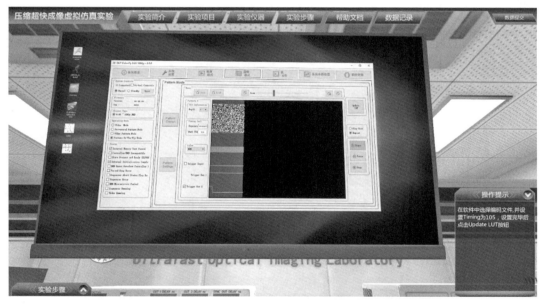

图 8 - 26　DMD 控制软件的编码文件加载界面

步骤 2 - 5　开启条纹相机电源,并在电脑上打开条纹相机数据采集软件,如图 8 - 27 所示.

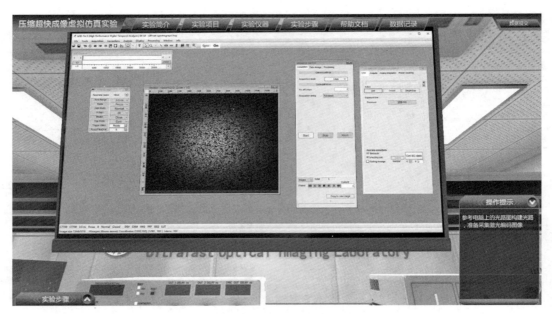

图 8 - 27　条纹相机控制软件的编码图像采集界面

　　步骤 2 - 6　设定条纹相机的"采集模式"为"静态模式","Mode"设置为"Focus",并调节"增益 II-Gain"使图像清晰.点击"sequence control"中的"start",采集编码图像,并单击右键将文件保存在桌面上,如图 8 - 28 所示.

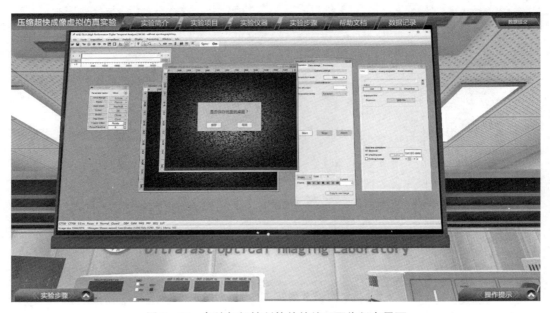

图 8 - 28　条纹相机控制软件的编码图像保存界面

　　步骤 2 - 7　调整光路结构,将皮秒激光引入光路,经纸屏散射后被高光谱压缩超快成像系统接收,如图 8 - 29 所示.

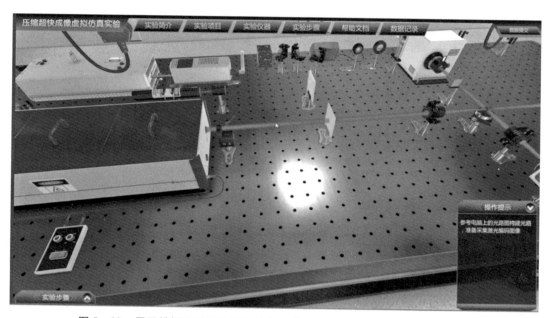

图 8‒29 用于拍摄皮秒脉冲四维演化的高光谱压缩超快成像测量光路界面

步骤 2‒8 在条纹相机图像采集软件中,将"采集模式"切换为"偏转工作模式","Mode"设置为"operate",并点击"acquire control"中的"live",查看采集到的图像,如图 8‒30 所示.

图 8‒30 条纹相机控制软件的参数设置界面

步骤 2‒9 打开信号延迟控制器 DG645,将触发模式设置为"外部上升沿触发",如图 8‒31 所示.

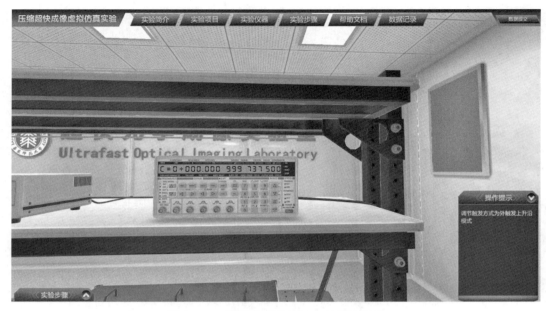

图 8 - 31　延迟控制器 DG645 的操作界面

步骤 2 - 10　调整飞秒激光触发信号与条纹相机曝光信号之间的延迟,使得条纹相机捕捉到的偏转图像出现在视场中心位置,如图 8 - 32 所示.

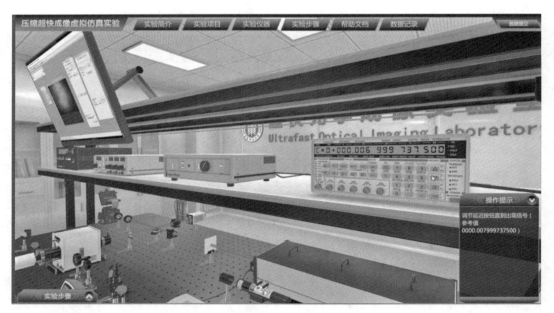

图 8 - 32　延迟控制器 DG645 的延迟调节界面

步骤 2 - 11　调整条纹相机控制软件中的"增益 II-Gain"使图像清晰,点击"sequence control"中的"start",采集偏转图像,并单击右键将文件保存在桌面上,如图 8 - 33 所示.

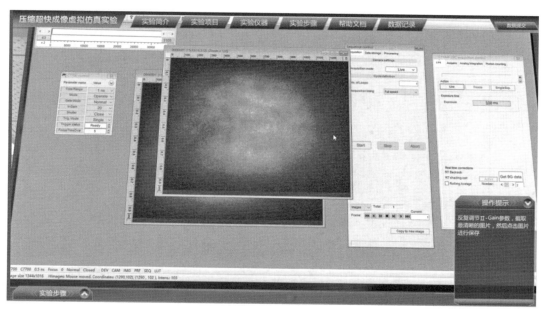

图 8‒33　条纹相机控制软件的场景图像采集界面

步骤 2‒12　在电脑上打开压缩超快成像图像重构程序,选择适当的重构算法和迭代参数进行图像重构,如图 8‒34 所示.数据重构结果如图 8‒35 所示.

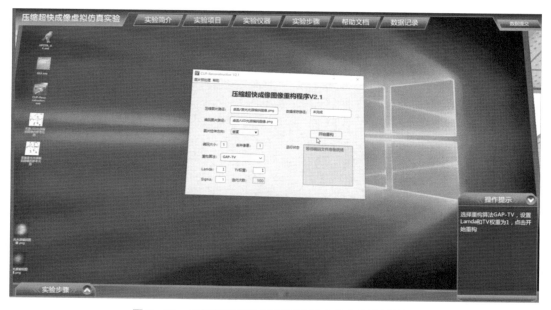

图 8‒34　压缩超快成像图像重构程序的参数设置界面

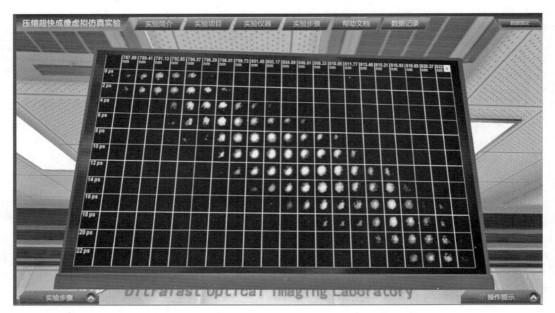

图 8 - 35　皮秒脉冲四维演化成像实验的数据重构结果界面

六、数据记录与处理

将采集的压缩图像数据和编码图像数据导入压缩超快成像数据处理软件,选择适当的算法以及迭代参数,重构高光谱动态场景.重构参数选择如下:

(1) 图片拉伸方向为"垂直";

(2) 编码大小为"1",合并像素为"1";

(3) 重构算法为"GAP - TV";

(4) "Lamda"为"0.4","TV 权重"为"0.6";

(5) "Sigma"为"1".

重构结果参见图 8 - 22 和图 8 - 35.

七、实验拓展

在虚拟仿真实验平台选择"惯性约束聚变冲击波面阵测速"项目,观看压缩超快成像技术在惯性约束聚变冲击波速度诊断中的应用演示,并学习其中的工作原理.

八、实验思考

1. 高光谱压缩超快成像的基本原理是什么? 为什么可以测量到物质超短时间尺度的动态过程?

2. 数字微镜器件的工作原理是什么？在高光谱压缩超快成像中有什么作用？

3. 针对高光谱压缩超快成像系统采集的图片到多维数据的重构过程,除了使用现有的TwIST 算法和 GAP‐TV 算法,还可以采用哪些算法？

本章参考文献

［1］L. Gao, J. Liang, C. Li, L. V. Wang. Single-shot compressed ultrafast photography at one hundred billion frames per second［J］. *Nature*, 2014,516:74.

［2］J. Liang, L. Gao, P. Hai, C. Li, L. V. Wang. Encrypted three-dimensional dynamic imaging using snapshot time-of-flight compressed ultrafast photography ［J］. *Sci. Rep.*, 2015,5:1.

［3］J. Liang, C. Ma, L. Zhu, Y. Chen, L. Gao, L. V. Wang. Single-shot real-time video recording of a photonic Mach cone induced by a scattered light pulse［J］. *Sci. Adv.*, 2017,3:e1601814.

［4］J. Liang, L. Zhu, L. V. Wang. Single-shot real-time femtosecond imaging of temporal focusing［J］. *Light Sci. Appl.*, 2018,7:1.

［5］C. Yang, D. Qi, X. Wang, F. Cao, Y. He, W. Wen, T. Jia, J. Tian, Z. Sun, L. Gao. Optimizing codes for compressed ultrafast photography by the genetic algorithm［J］. *Optica*, 2018,5:147.

［6］C. Yang, D. Qi, F. Cao, Y. He, X. Wang, W. Wen, J. Tian, T. Jia, Z. Sun, S. Zhang. Improving the image reconstruction quality of compressed ultrafast photography via an augmented Lagrangian algorithm ［J］. *J. Optics*, 2019, 21:35703.

［7］P. Wang, J. Liang, L. V. Wang. Single-shot ultrafast imaging attaining 70 trillion frames per second［J］. *Nat. Commun.*, 2020,11:1.

［8］J. Liang, P. Wang, L. Zhu, L. V. Wang. Single-shot stereo-polarimetric compressed ultrafast photography for light-speed observation of high-dimensional optical transients with picosecond resolution［J］. *Nat. Commun.*, 2020,11:1.

［9］C. Yang, F. Cao, D. Qi, Y. He, P. Ding, J. Yao, T. Jia, Z. Sun, S. Zhang. Hyperspectrally compressed ultrafast photography［J］. *Phys. Rev. Lett.*, 2020, 124:23902.

［10］J. Yao, D. Qi, C. Yang, F. Cao, Y. He, P. Ding, C. Jin, Y. Yao, T. Jia, Z. Sun. Multichannel-coupled compressed ultrafast photography［J］. *J. Optics*, 2020, 22:85701.

［11］Y. Lai, Y. Xue, C. Y. Côté, X. Liu, A. Laramée, N. Jaouen, F. Légaré, L. Tian, J. Liang. Single-Shot Ultraviolet Compressed Ultrafast Photography ［J］. *Laser Photonics Rev.*, 2020,14:2000122.

［12］J. Yao, D. Qi, Y. Yao, F. Cao, Y. He, P. Ding, C. Jin, T. Jia, J. Liang, L.

Deng. Total variation and block-matching 3D filtering-based image reconstruction for single-shot compressed ultrafast photography [J]. *Opt. Laser. Eng.* , 2021, 139:106475.

[13] C. Yang, Y. Yao, C. Jin, D. Qi, F. Cao, Y. He, J. Yao, P. Ding, L. Gao, T. Jia. High-fidelity image reconstruction for compressed ultrafast photography via an augmented-Lagrangian and deep-learning hybrid algorithm [J]. *Photonics Res.* , 2021, 9:B30.

[14] D. Qi, F. Cao, S. Xu, Y. Yao, Y. He, J. Yao, P. Ding, C. Jin, L. Deng, T. Jia. 100-Trillion-Frame-per-Second Single-Shot Compressed Ultrafast Photography via Molecular Alignment [J]. *Phys. Rev. Appl.* , 2021, 15:24051.

[15] 杨承帅. 压缩超快成像的关键技术与应用, 华东师范大学博士论文, 2020.

[16] 曹烽燕. 压缩超快成像及其超快光场测量应用, 华东师范大学博士论文, 2020.

[17] F. Cao, C. Yang, D. Qi, J. Yao, Y. He, X. Wang, W. Wen, J. Tian, T. Jia, Z. Sun. Single-shot spatiotemporal intensity measurement of picosecond laser pulses with compressed ultrafast photography [J]. *Opt. Laser. Eng.* , 2019, 116:89.

[18] T. Kim, J. Liang, L. Zhu, L. V. Wang. Picosecond-resolution phase-sensitive imaging of transparent objects in a single shot [J]. *Sci. Adv.* , 2020, 6:y6200.

[19] L. Fan, X. Yan, H. Wang, L. V. Wang. Real-time observation and control of optical chaos [J]. *Sci. Adv.* , 2021, 7:c8448.

[20] Y. Ma, Y. Lee, C. Best-Popescu, L. Gao. High-speed compressed-sensing fluorescence lifetime imaging microscopy of live cells [J]. *PNAS* , 2021, 118(3):1.

第 **9** 章

冷分子光学实验:分子的静电斯塔克减速

一、实验目的

1. 了解冷分子光学的研究背景与发展动态.
2. 理解分子静电斯塔克减速的基本原理.
3. 掌握分子静电斯塔克减速实验装置的搭建与实验操作.
4. 掌握减速分子温度与各实验参数的关系.

二、实验仪器

减速器真空腔、斯塔克减速器、微通道板探测器、分子泵、离子泵、配气瓶、脉冲激光器、快速高压开关、数字输入输出(DIO)卡、计算机、高压电源、复合真空计、示波器、脉冲阀控制器等.

三、实验原理

(一) 冷分子的研究背景

自 20 世纪末至今,科学家在世界范围掀起了研究冷分子的热潮."冷分子"或"超冷分子"可广泛应用于基本物理问题的研究、基本物理常数的精密测量、分子波包动力学的相干操控、分子冷碰撞性质的实验研究、光学频标精度的改善、超冷分子钟、无多普勒展宽(超高分辨率)分子光谱学、非线性超冷分子光谱学、超冷分子拉曼光谱学、分子物质波干涉计量术、纳米分子束刻蚀术和纳米新材料的研制等.

为了满足应用需求,一系列制备冷分子的技术应运而生. 从缓冲气体冷却到蒸发冷却,从静电斯塔克减速再到激光制冷,新技术的不断涌入为这门新兴学科的快速发展提供了动力,也为以冷分子为基础的物理研究提供了新的契机. 虽然冷分子研究发轫于冷原子领域,但是,冷分子又有自己鲜明的特点和不可替代的优势. 与原子相比,分子更为复杂,也更为有趣. 例如,分子有振动、转动等内部自由度,分子有更强的电偶极矩和磁偶极矩,这些特点会引发更多新的研究或新的应用. 具体来讲,冷分子的独特之处有以下 7 点:①分子有更高的灵敏度,可应用于基本对称性破损的研究,如电子电偶极矩的测量和核矩宇称破损等. ②极性分子可作为新的量子比特载体,可用于量子计算与量子信息储存. ③极性分子间的长程偶极-偶极作用可产生新的量子系统.④冷分子精密的振动或超精细光谱可用于探测基本常数随时间的变化性,如电子与质子质量比、超精细结构常数等.⑤可用于冷分子化学研究,在实验室便可以了解星际星云间的冷化学过程.⑥可以用电场来控制几百纳开温度下的超冷化学反应速率.⑦分子的超冷碰撞可以揭示分子相互作用的细节.

冷分子通常是指分子本身的热能达到分子与外场(电场、磁场或光场)相互作用的能量.根据目前实验室获得的场强与分子的偶极矩,冷分子的范畴大概是从 $1K$ 开始,通常把温度为 $1K \sim 1mK$ 的分子称为冷分子,温度小于 $1mK$ 的分子称为超冷分子.制备冷分子的方法可以大致分为直接制备和间接制备两种:直接制备是指将化学稳定分子直接冷却而获得冷分子样品,而间接制备是将冷原子缔合成为冷分子.目前世界上直接制备冷分子的技术包括缓冲气体冷却、静电斯塔克减速、塞曼减速、光学斯塔克减速、微波减速、里德堡斯塔克减速、静电速度滤波、转动喷嘴、激光冷却、蒸发冷却等,间接制备的方法包括光子缔合和磁场费什巴赫共振.

(二) 静电斯塔克减速的基本原理

利用非均匀场对粒子的操控可以追溯到20世纪20年代著名的斯特恩-盖拉赫实验,该实验利用非均匀场对银原子的偏转证实了电子自旋的存在.20世纪70年代,六级杆等产生非均匀强电场的装置被用于对极性分子的偏转,并在分子光谱、散射、选态以及排列取向等研究中都有重要应用.除此以外,磁场与激光结合构成的磁光阱(MOT)在制备超冷原子的过程中扮演了重要的角色.直到1999年,Bethlem 等人利用静电斯塔克减速器第一次成功实现了 CO 分子的减速,使人们对分子束纵向运动的操控范围和操控精度达到前所未有的水平,也使该技术成为制备慢速冷分子的重要手段.另外,斯塔克效应也被用于对极性分子的其他操控,如反射、聚焦、导引、囚禁等.

本实验主要以 ND_3 为例,讨论极性分子的斯塔克效应、超声束的形成以及静电斯塔克减速的基本原理.

1. ND_3 的分子结构与斯塔克效应

重氨分子 ND_3(或 NH_3)是典型的对称陀螺分子,基态具有金字塔结构,属于 C_{3v} 群,如图 9-1 所示. ND_3 分子的转动能级可以用量子数 J,K 以及 M 来描述,其中,J 是总角动量,K 是 J 在分子轴上的投影,M 是 J 在外场方向上的投影.在多光子共振增强电离(REMPI,下文将详细介绍)过程中,分子首先吸收两个光子到达里德堡态,然后被电离.里德堡态的 ND_3 分子构型不再是金字塔形,而是变成平面分子,属于 C_{3h} 群.里德堡态的非线性多原子分子通常用 $\tilde{A}$,$\tilde{B}$,$\tilde{C}$ 等符号表示(按 A,B,C 的顺序,总能量逐渐增高),$\tilde{X}$ 表示基电子态.

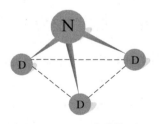

图 9-1　ND_3 分子构型[*]

---

[*] 侯顺永,ND_3 分子静电 Stark 减速与表面操控的理论与实验研究,华东师范大学博士论文,2013.

　　基态 ND_3 分子除了具有如图 9-1 所示的构型以外，还有另一种反演构型（3 个 D 原子方向朝上），如图 9-2 所示.从图 9-2 中可以看到该分子的 v_2 振动模式有两个最低能级（$v_2=0$），分别处于对称和反对称态，这两个能级间的分裂被称为反演双分裂.反演双分裂的大小与中间的势垒高度有关，势垒越高，分裂越小，如图 9-1 中 $v_2=0$ 的反演双分裂要小于 $v_2=1$ 的分裂.基态 ND_3 和 NH_3 两种分子的反演分裂分别是 $0.053\,\mathrm{cm^{-1}}$ 和 $0.79\,\mathrm{cm^{-1}}$.

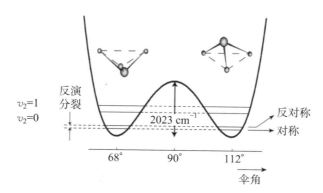

图 9-2　ND_3 分子的反演分裂[*]

　　由于电荷分布不对称而导致分子拥有电偶极矩，电偶极矩与电场的相互作用被称为斯塔克效应.处于电场中的极性分子受到外部的电场力为

$$\boldsymbol{F}(\boldsymbol{r}) = -\nabla W_S(\boldsymbol{r}) = -\left(\frac{\mathrm{d}W_S}{\mathrm{d}E}\right)\nabla \mid \boldsymbol{E}(\boldsymbol{r}) \mid, \tag{9-1}$$

其中，W_S 为分子的斯塔克势能，$-\left(\dfrac{\mathrm{d}W_S}{\mathrm{d}E}\right)$ 可以看作分子的有效电偶极矩 μ_{eff}.分子的受力方向与分子所处的转动态有关.如果分子的运动趋势是从强场到弱场，那么该分子处于弱场搜寻态；相反，则分子处于强场搜寻态.

　　对于 NH_3 分子，施加电场以后，$J=1$，$K=1$ 态的对称与反对称能级互相排斥而分裂成 4 个能级，如图 9-3 所示.当电场小于 $100\,\mathrm{kV/cm}$，不同 J 能级之间的相互作用可以忽略，其斯塔克势能可以近似为

$$W_S = \pm\sqrt{\left(\frac{W_{\mathrm{inv}}}{2}\right)^2 + \left(\mu\mid E\mid\frac{MK}{J(J+1)}\right)^2} - \frac{W_{\mathrm{inv}}}{2}, \tag{9-2}$$

其中，W_{inv} 是零场下分子的反演分裂.

2. 斯塔克减速的基本原理

　　如前所述，利用电场与极性分子的相互作用可以操控分子的运动.目前实验室可获得的最大电场可以使极性分子产生几个波数的斯塔克位移.超声束的动能大概在 100 个波数

＊　侯顺永，ND_3 分子静电 Stark 减速与表面操控的理论与实验研究，华东师范大学博士论文，2013.

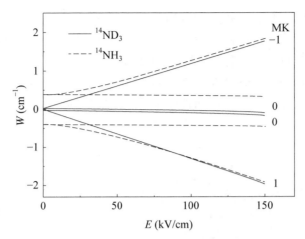

图 9 - 3   NH₃ 和 ND₃ 分子在电场中的斯塔克分裂*

量级,因此将超声束速度显著降低需要多级脉冲电场.斯塔克减速器便是这样一种多级脉冲电场装置,通过精确控制电场构型达到减小(或增加)分子的纵向速度(动能)的目的.目前被成功减速的极性分子有 CO, ND₃, NH₃, OH, OD, NH, H₂CO, SO₂, LiH, CaF, NO, CH₃F 以及一些大质量分子(如 SrF, YbF 和 C₇H₅N).斯塔克减速的实验起点是超声分子束,超声分子束是高压气源(通常为 1～5 个标准大气压)的分子经小孔喷射进入高真空室绝热碰撞产生.超声束的形成过程也是整个斯塔克减速中唯一的分子冷却过程.超声束形成后被六级杆耦合到斯塔克减速器中.斯塔克减速器在减速过程中对分子束有速度选择和量子态选择的双重功能,因此斯塔克减速器作为一种制备速度可调、单量子态分子束的手段,已被应用到冷分子碰撞、高分辨光谱等实验研究中.下面将详细介绍超声束的形成和斯塔克减速的基本原理.

(1) 超声束的形成.

超声分子束是获得冷分子束的重要手段,在分子光谱学、冷分子碰撞等领域都有广泛应用.当高压气体(通常为 1～5 个标准大气压)通过一小孔向真空喷射,如果小孔的尺度比分子的平均自由程小得多,喷射出的分子之间便不会发生碰撞,这种分子束通常被称为射流束.射流束的速度分布与容器中分子的速度分布基本相同,只不过要在分子的纵向速度分布上再加一个速度因子,这是因为快速的分子离开束源的几率要更大.另一方面,假如小孔比分子运动的平均自由程大得多,那么分子束的性质与射流束便大不相同.这是因为分子在通过小孔的过程中会发生频繁碰撞,当分子离开喷嘴,前方的慢速分子仍会受到后面快速分子的碰撞,因而在整个喷射过程中分子一直被加速,故分子束平均速度比射流束要快,分子的速度宽度也更窄,也就是温度更冷,这种分子束被称为超声束.图 9 - 4 描述了超声束的形成过程.由于喷射过程非常快,因此可以被认为是绝热过程.假设气源容器中的初始温度和初始气压分别为 T_0 和 P_0,这一温度和气压通常被称为滞止温度和滞止气压,喷嘴外束流中的分子温度和压强分别为 T 和 P,U_0 是束源气体内能,P_0V_0 是势能项,$\frac{1}{2}mv_0^2$

* 侯顺永,ND₃ 分子静电 Stark 减速与表面操控的理论与实验研究,华东师范大学博士论文,2013.

是动能项.根据能量守恒,可得

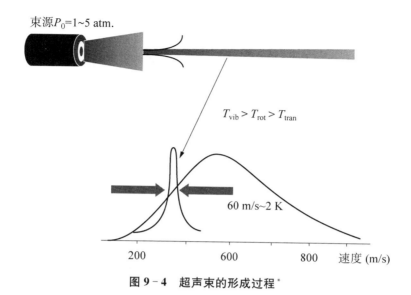

束源P_0=1~5 atm.

$T_{vib} > T_{rot} > T_{tran}$

60 m/s~2 K

200   600   800   速度 (m/s)

图9-4 超声束的形成过程*

上方表示室温下高气压束源气体经脉冲阀小孔喷射到真空环境而发生绝热膨胀,之后经 Skimmer 准直获得平动温度、转动温度以及振动温度都非常低的超声分子束;下方是气源分子以及超声束的纵向速度分布.用惰性气体作为载气,可以使分子束的速度分布变窄,分子束的中心速度取决于惰性气体的质量.惰性气体分子量越大,速度越小(如氦气是 2 000 m/s,氙气是 340 m/s)

$$\frac{1}{2}mv_0^2 + P_0V_0 + U_0 = U + \frac{1}{2}mv^2 + PV, \qquad (9-3)$$

其中,U,$\frac{1}{2}mv^2$,PV 分别是喷出后分子的内能、动能和势能.根据焓的定义 $H = U + pV$,两边除以分子质量,可以得到

$$h_0 = h + v^2/2, \qquad (9-4)$$

其中,h_0 和 h 分别是喷射前后气体的比焓.假设比热 C_p 是一个常数,那么出射分子束的速度为

$$v = 2\int_T^{T_0} C_p \mathrm{d}T. \qquad (9-5)$$

对于理想气体,$C_p = \frac{\gamma}{\gamma - 1}\frac{k_B}{m}$,其中,$\gamma$ 是比热率,对方程(5)积分,可得分子束的终极速度为

$$v = \sqrt{2C_p(T_0 - T)}. \qquad (9-6)$$

---

* 侯顺永,ND_3 分子静电 Stark 减速与表面操控的理论与实验研究,华东师范大学博士论文,2013.

当 $T \ll T_0$ 时,可得分子束的终极速度为

$$v_\infty = \sqrt{\frac{2k_B T_0}{m} \left(\frac{\gamma}{\gamma - 1} \right)} . \tag{9-7}$$

当分子束被冷到某个有限温度 T 之后不能再被冷却,那么分子的末速度为

$$v = v_\infty \left(1 - \frac{T}{T_0} \right)^{1/2} , \tag{9-8}$$

从上式可见分子束的末速度不可能达到终极速度 v_∞.

从方程(9-6)可以得到分子束的温度,这里再引入马赫数的概念. $M \equiv v/a$,其中,a 是本地声速. 对于理想气体 $a = \sqrt{\gamma k_B T/m}$,则分子束温度可以表示为

$$\frac{T}{T_0} = \left(1 + \frac{\gamma - 1}{2} M^2 \right)^{-1} . \tag{9-9}$$

下面讨论分子束相空间密度的演化. 由于分子膨胀是各向同性的,因此有

$$n = n_0 \left(\frac{T}{T_0} \right)^{\frac{1}{\gamma - 1}} , \tag{9-10}$$

其中,n_0 为容器内分子数密度,n 为分子束的分子数密度. 相空间密度的定义为

$$\rho = n \Lambda^3 , \tag{9-11}$$

其中,Λ 是德布罗意波长. 德布罗意波长的定义为

$$\Lambda = \sqrt{2\pi \hbar^2 / m k_B T} , \tag{9-12}$$

其中,m 是粒子质量,T 是温度,$\hbar$ 是普朗克常数,k_B 是玻尔兹曼常数. 由方程(9-10)至(9-12)得到

$$\rho = n \left(\frac{2\pi \hbar^2}{mkT} \right)^{\frac{3}{2}} = n_0 \left(\frac{T}{T_0} \right)^{\frac{1}{\gamma - 1}} \left(\frac{2\pi \hbar^2}{mkT} \right) , \tag{9-13}$$

其中,γ 是一个与自由度相关的量. 对于单原子气体 $\gamma = 5/3$,代入上式得

$$\rho = n_0 \left(\frac{2\pi \hbar^2}{mkT_0} \right)^{\frac{3}{2}} . \tag{9-14}$$

对于非连续(脉冲)超声束,其速度分布最常用的模型是椭球偏移麦克斯韦模型,即

$$f(v) dv = n \sqrt{\frac{m}{2\pi kT_\parallel}} \left(\frac{m}{2\pi T_\perp} \right) \exp\left(-\frac{m}{2kT_\parallel} (v_\parallel - w)^2 - \frac{m}{2kT_\perp} v_\perp^2 \right) dv , \tag{9-15}$$

其中,符号"$\parallel$"和"$\perp$"分别是指平行和垂直于分子束的束流方向,w 是分子束纵向平均速度. 上式表明分子束在平行和垂直束流方向均为高斯分布,但二者的分布宽度不同. 其实在实验中已经证明,不管是 $f(v_\parallel)$ 还是 $f(v_\perp)$,都不是严格的高斯分布,$f(v_\parallel)$ 与高斯分布极其接近,$f(v_\perp)$ 更接近于两个高斯分布的叠加,其中一个高斯分布对尾部展宽有贡献.

（2）静电斯塔克减速的基本原理.

如图 9-5 所示，一系列的电极在空间周期性放置，如果在电极上施加适当电压，在空间便会形成周期性分布的电场. 当弱场搜寻态分子沿垂直于电极的方向运动时，就会与这个周期性非均匀电场相互作用. 如果不对电场进行任何操控，分子经过电场后动能既不增加、也不减少. 如果弱场搜寻态分子由弱场运动到强场，此时突然切换电场，电场强度迅速减小，那么分子将会失去部分动能，使得分子速度变小. 如果这个过程被重复多次，分子的速度会显著减小. 这就是斯塔克减速的基本原理. 但是，在实际的斯塔克减速器中，分子的运动并没有这么简单. 下面分别从分子的纵向运动和横向运动以及分子的损耗等 4 个方面详细讨论分子在斯塔克减速器中的动力学过程.

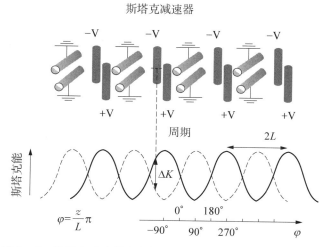

图 9-5　斯塔克减速器和极性分子在分子束轴上的斯塔克能[*]

讨论 1　分子的纵向运动

图 9-5 所示是一列周期为 L、相互垂直放置的电极组成的传统斯塔克减速器. 每一级由一对圆柱金属杆构成，金属杆半径为 r，间距为 $2r+d$，其中一个电极加正电压，另一个加负电压. 电极间隔相连，也就是说，奇数级电极连在一起，偶数级连在一起. 工作中斯塔克减速器奇数级与偶数级电极交替接高压或接地，这样在沿减速器中心轴线方向形成周期性分布的非均匀电场，如图 9-5 下方所示. 为了更好地描述分子的运动，可以定义相位角和同步分子的概念. 相位角定义为 $\varphi = z\pi/L$，周期为 2π，其中，z 为分子在减速器中的纵向坐标，L 为相邻两级电极的间距. $\varphi = 0°$ 指的是两个相邻电极正中间的位置，$\varphi = 90°$ 指的是分子在开关切换前的瞬间处于电场最强的位置. 同步分子指的是在每次开关时都处于相同相位角的分子，通常用 φ_0 表示. 当弱场搜寻态分子从弱电场向强电场运动时便获得斯塔克势能，获得的势能以减小动能作为补偿. 如果电场此刻突然消失，分子还会保持瞬时速度；如果此时打开下一级电极，分子会重复上面减少动能的过程. 通常经过 100 级减速，分子的速度便显著减小. 对于那些速度比同步分子稍快的非同步分子而言，切换开关时它们比同步

＊　侯顺永，ND₃ 分子静电 Stark 减速与表面操控的理论与实验研究，华东师范大学博士论文，2013.

分子运动的距离更远,因此损失的动能更多,它们的速度会逐渐趋近并最终小于同步分子.同样地,对于速度比同步分子慢的分子,它们每一次损失的动能要比同步分子少,因此其速度会逐渐大于同步分子.由此可见,斯塔克减速器会抓住以同步分子速度为中心的一定范围内的分子,这些分子被称为相稳定分子.当 $\varphi_0 = 0°$ 时,减速器对分子不加速、也不减速,这种操控被称为聚束;当 $-90° < \varphi_0 < 0°$ 和 $0° < \varphi_0 < 90°$ 时,分别对应于加速区和减速区.

每一级同步分子损失的动能为 $\Delta K(\varphi_0) = W(\varphi_0) - W(\varphi_0 + \pi)$,如图 9-6 所示.如果将 $W(\varphi_0)$ 用傅立叶级数展开,则有

$$W(\varphi_0) = \frac{a_0}{2} + \sum_{n=1}^{\infty} a_n \cos\left[n(\varphi_0 + \pi/2)\right]$$
$$= \frac{a_0}{2} - a_1 \sin\varphi_0 - a_2 \cos 2\varphi_0 + a_3 \sin 3\varphi_0 + \cdots. \tag{9-16}$$

因此 $\Delta K(\varphi_0) = 2a_1 \sin(\varphi_0) + 2a_3 \sin(3\varphi_0)$,其中,$a_1$ 和 a_3 是傅立叶展开系数.对于非同步分子,其相位角和速度与同步分子的差别可以表示为 $\Delta\varphi = \varphi - \varphi_0$,$\Delta v = v - v_0$.可以用 $\bar{F}(\varphi_0)$ 来表示同步分子在每一级受到的纵向平均力.当每一级减少的速度与 v_0 相比很小时,即 $\Delta v << v_0$,平均力可以写成 $\bar{F}(\varphi_0) = -\Delta K(\varphi_0)/L$,那么作用于非同步分子的平均力为 $\bar{F}(\varphi_0 + \Delta\varphi) = -\Delta K(\varphi_0 + \Delta\varphi)/L$.非同步分子相对于同步分子在减速器中的运动可以表示为

$$\frac{mL}{\pi} \frac{\mathrm{d}^2 \Delta\varphi}{\mathrm{d}t^2} + \frac{2a_1}{L}\left[\sin(\varphi_0 + \Delta\varphi) - \sin(\varphi_0)\right] = 0. \tag{9-17}$$

对方程(9-17)进行数值积分,可以获得不同 φ_0 值的相空间稳定区域,该区域表示斯塔克减速器的纵向接受区域大小,或者说是斯塔克减速器移动势阱在纵向的囚禁区域.用数值方法解方程(9-17)的关键在于解出非同步分子与同步分子之间的最大速度差 Δv_{max}.

非同步分子向前运动远离同步分子的最大稳定距离是

$$\Delta\varphi_{max}^+(\varphi_0) = 180° - 2\varphi_0, \tag{9-18}$$

那么在这个过程中将非同步分子减速到与同步分子相同速度所需要做的功为

$$W(\varphi_0) = \int_{start}^{end} \bar{F}\mathrm{d}z = \frac{-2a_1}{L}\int_{\pi-2\varphi_0}^{0}\left[\sin(\varphi_0 + \Delta\varphi) - \sin\varphi_0\right]\mathrm{d}\Delta\varphi$$
$$= 4a_1\left[\cos\varphi_0 + \sin\left(\varphi_0 - \frac{\pi}{2}\right)\right]\Big/\pi, \tag{9-19}$$

将上式变形,可得

$$\Delta v_{max} = 2\sqrt{\frac{2a_1}{\pi m}\left[\cos\varphi_0 + \left(\varphi_0 - \frac{\pi}{2}\right)\sin\varphi_0\right]}. \tag{9-20}$$

图 9-6 是 ND_3 分子在不同 φ_0 值下的相空间稳定区域.相空间稳定区域的存在保证了

分子波包在减速器内的传输过程中相空间密度保持不变.

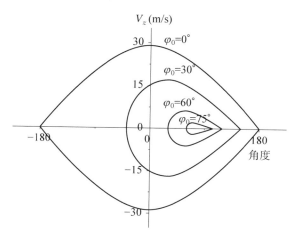

图 9 - 6　不同 φ_0 值 **ND**$_3$ 分子的纵向相空间稳定区域，原则上处于相空间稳定区域的分子可以无损耗地被传递到减速器末端[*]

根据方程(9 - 17)可以获得分子在斯塔克减速势阱中的纵向振荡频率为

$$f_z = \sqrt{\frac{a_1 \cos\varphi_0}{2m\pi L^2}}. \tag{9 - 21}$$

减速器开关时序决定了分子波包的末速度和分子数目等性质，图 9 - 7 是斯塔克减速实验中用到的典型开关时序. 当相位角为 φ_0 时，同步分子运动到第 n 级所需要的时间为

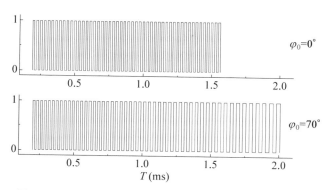

图 9 - 7　**ND**$_3$ 分子减速实验中用到的高压开关控制时序[*]

　　在 $\varphi_0 = 0°$ 时，每一级开关间隔相同，而当 $\varphi_0 > 0°$ 时(如 $\varphi_0 = 70°$)，每一级开关的时间在逐渐变长，这是由于分子波包被减速而变得越来越慢，从而使通过每一级需要更多的时间

[*]　侯顺永，ND$_3$ 分子静电 Stark 减速与表面操控的理论与实验研究，华东师范大学博士论文，2013.

$$t(n) = L\left(v_z(z=0) - \sqrt{v_z^2(z=0) - n\frac{2}{m}2a_1\sin\varphi_0}\right) \Big/ \left(\frac{1}{m}2a_1\sin\varphi_0\right), \quad (9-22)$$

因此通过上式可以计算出开光时序 $\Delta T(n) = t(n+1) - t(n)$. 图 9-8 中的实线是通过式 (9-22) 计算出来的不同 φ_0 值下减速 ND_3 分子的时序.

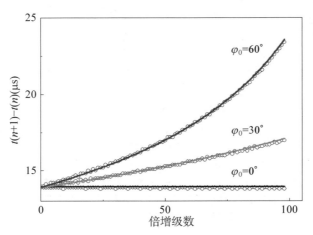

图 9-8   3 个不同 φ_0 值下的高压开关时序[*]

分子初始速度选为 360 m/s,其中,圆圈数据点表示通过对分子
的运动轨迹计算获得的时序,实线则是通过式(9-22)计算出来的
$\Delta T(n) = t(n+1) - t(n)$

获得时序有另一个办法:利用有限元软件计算出斯塔克减速器内部电场,通过对同步分子的运动轨迹计算获得开关时序. 图 9-8 中的圆圈数据点就是通过动力学计算获得的 ND_3 分子通过 99 级减速电场在不同 φ_0 下的时序.

讨论 2   分子的横向运动

纵向相空间稳定区域保证被减速分子在相空间中不受损失,但是,在横向上保证分子波包的紧凑不扩散也同样不可或缺. 图 9-9 表示减速器的内部电场,可以发现电极附近的电场比分子轴线上的电场要强,因此对于弱场搜寻态分子来说,分子经过该电场时会受到横向的聚焦作用. 不过每对电极只在垂直于电极的平面内对分子有横向聚焦,另一个平面则没有. 为了保证两个横向都有聚焦作用,把减速器中相邻的电极互相垂直放置,如图 9-5 所示,这样当分子通过减速器时,会在两个横向上交替聚焦,横向聚焦与纵向聚束一起构成一个有效的三维运动势阱,保证在传输过程中分子不受损失. 当分子穿过一个周期电场(2L 的距离)时,其受到的平均横向力为

图 9-9   静电斯塔克减速器内的
电场分布[*]

＊　侯顺永,ND_3 分子静电 Stark 减速与表面操控的理论与实验研究,华东师范大学博士论文,2013.

$$\overline{F}_t(\varphi) = \frac{1}{2L} \int_{\varphi L/\pi}^{(\varphi+2\pi)L/\pi} F_t(z)\mathrm{d}z. \qquad (9-23)$$

其实分子在减速器构造的有效三维势阱中的运动相当复杂. 在纵向, 分子的位置和速度均以同步分子为中心进行振荡; 在横向, 分子以纵轴(z)为中心来回振荡. 纵向和横向的振荡频率均与相位角密切相关. 当同步相位角 φ_0 较大时, 横向运动会增大纵向相稳定区域; 当 φ_0 较小时, 横向运动会减小减速器的接收区域. 使纵向相空间出现不稳定区域. 这种效应可以用横向运动与纵向运动的耦合来定量解释, 不过这种效应并不会从根本上削弱减速器的整体表现. 需要注意的是, 当分子速度很低时, 之前讨论的横向与纵向运动的分析模型不再成立, 因此在减速实验中, 减速器最后几级的设计需要格外注意.

讨论 3　静电斯塔克减速器的两种常用操作模式

静电斯塔克减速器常用的操作模式有 $S=1$ 和 $S=3$ 两种, 符号"S"定义为 $S = v_0/v_{\mathrm{switch}}$, 其中, v_0 是同步分子的速度, v_{switch} 是开关的速度, 即电极间距 L 与两次开关的间隔时间之比. 由此可知, $S=1$ 模式是指减速器每一级电场都用来对分子进行减速, 在 $S=3$ 模式中, 每 3 级电场对分子减速 1 次(中间两级电场用于导引), 如图 9-10 所示. 根据前面的计算可知, 分子的最大稳定速度与电极间距 $\sqrt{L}$ 成反比, 因此 $S=1$ 模式的最大稳定速度是 $S=3$ 模式的 $\sqrt{3}$ 倍. $S=3$ 模式最大的优势是可以大幅度减小分子在减速器中横向运动与纵向运动的耦合, 从而减少相稳定空间中分子的损失, 当然这种提高分子数目的方式是以增加减速器级数作为代价的. 当同步相位角较小时, $S=3$ 模式的接收区域比传统的 $S=1$ 模式有显著提高, 甚至高出一个数量级. 不过当 $\varphi_0 > 70°$ 时, 二者的接收区域基本相当. 在

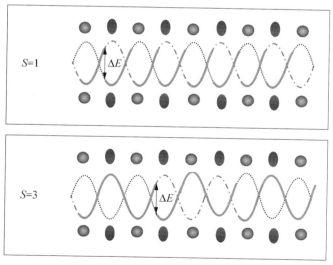

图 9-10　$S=1$(上方)和 $S=3$(下方)是两种常用的静电斯塔克减速操作模式[*]

　　图中两条虚线是极性分子在减速器中的斯塔克势能, 实线是同步分子在减速器中经历的势能变化

* 侯顺永, ND_3 分子静电 Start 减速与表面操控的理论与实验研究, 华东师范大学博士论文, 2013.

低速时,$S=3$ 模式的损耗甚至超过 $S=1$ 模式.

讨论 4　斯塔克减速器的内在损耗机制

通过上面的研究可以发现,在纵向减速器拥有稳定的相空间区域,在横向上电极对分子也有聚焦作用,因此被减速器捕获的分子处于一个"有效"的三维势阱之中,这保证了分子在传输过程中不被损失.仔细研究就会发现,其实在减速器中存在两个固有的缺陷,会导致分子在传输中受到损失,这两种损失机制分别是低速损失和分布损失.低速损失来自两个方面,即横向过聚焦和纵向反射.当被减速分子速度很低时(对于 ND_3,$v<50\,\mathrm{m/s}$,该速度可以按 $\sqrt{\mu m}$ 估算,其中,μ 是有效电偶极矩,m 是分子质量),过聚焦效应就会明显,这时强烈的横向作用使分子碰撞到电极或被甩到减速器以外区域.纵向反射发生在当分子波包的平均纵向速度与斯塔克减速电极产生的势垒高度可以比较的时候,那些最慢的分子因为小于单个电极的势垒高度而被反射.克服低速损耗的办法是降低最后几级斯塔克减速电极的电压,避免过聚焦和被反射.分布损失指的是在纵向相空间稳定区域内存在不稳定区域,这些区域的分子会被减速器抛离.这些非稳定区域形成的原因是由于分子横向运动与纵向运动的耦合.如图 9-11(a)中箭头所指的"光环"状区域,这些区域明显比其他地方的分子要少很多.分子横向与纵向运动的耦合之所以不可避免,是由于分子的纵向减速和横向导引来自同一对电极的作用.在相空间中心区域,分子数目也有明显减少,这是由于在同步分子附近振荡的分子受到的横向聚焦作用非常小,从而可以逃离减速器.为了减小或消除这些非稳定区域,可以采用 $S=3$ 的操作模式,也就是每 3 级电场对分子减速 1 次,而中间的两级用于对分子导引,这样就可以避开横向与纵向的耦合.图 9-11(b)就是 $S=3$ 模式下同步相位角为 $\varphi_0=0°$ 的相空间分布图,可以看出分子分布非常均匀,没有出现不稳定区域.前述

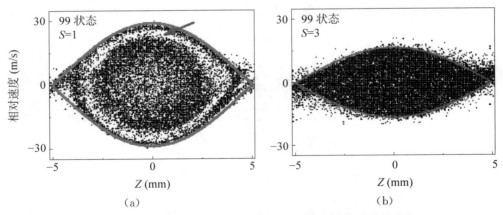

(a)　　　　　　　　　　　(b)

图 9-11　蒙特卡洛模拟获得的 ND_3 分子在相空间中的分布[*]

图(a)和(b)分别是 $S=1$ 和 $S=3$ 模式下同步相位角均为 $\varphi_0=0°$ 的结果,圆点代表相空间中分子的位置,外面的包络线是分子的相空间稳定界限.图(a)中箭头所指的白色圆环部分是横向运动与纵向运动的耦合造成的损失.中心区域的分子也明显较少,这是由于在同步分子附近振荡的分子受到较少的横向聚焦而造成的损失.通过模拟发现图(b)的分子数目要比图(a)的分子数目多出 50%

---

[*]　侯顺永,ND_3 分子静电 Start 减速与表面操控的理论与实验研究,华东师范大学博士论文,2013.

已经提到，$S=1$ 模式的最大稳定速度是 $S=3$ 模式的 $\sqrt{3}$ 倍，也就是说，$S=3$ 模式的相稳定区域面积小于 $S=1$ 模式的面积，但是，关于 ND_3 的模拟结果表明在 $\varphi_0=0°$ 操作中，$S=3$ 模式获得的分子数目是 $S=1$ 模式的 1.5 倍. 需要注意的是，在相位角不大的情况下，$S=3$ 模式的接收区域比传统的 $S=1$ 模式有显著提高，甚至高出一个数量级. 但是，当 $\varphi_0>70°$ 时，二者的接收区域基本相当. 在低速时，$S=3$ 模式的损耗甚至超过 $S=1$ 模式.

四、实验内容

1. 选择不同载气（氩气、氪气、氙气）时，探测脉冲阀产生的 ND_3 分子束的纵向速度分布.

2. 当减速级数为 100、相位角为 65°、电压为 ±10 kV 时，探测 ND_3 分子束减速之后的速度分布.

3. 当减速级数为 100、相位角为 65°、电压为 0 kV 时，探测区域的 ND_3 分子束的速度分布.

五、实验步骤

步骤 1 打开真空系统电源，开启干泵，抽低真空度，由热偶规读数小于 5 Pa. 开启分子泵，抽超高真空度，由电离规读数小于 $5.0×10^{-6}$ Pa，如图 9-12 所示.

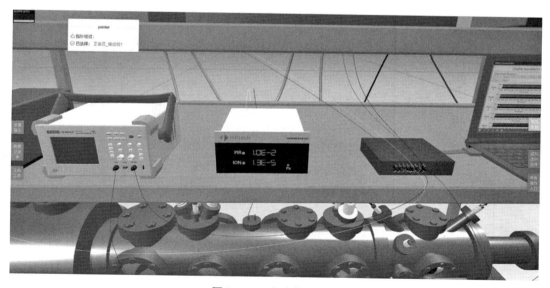

图 9-12 实验界面图 1

步骤 2 打开重氨分子气体钢瓶，并打开脉冲阀电源. 设定脉冲阀频率为 10 Hz，脉冲宽度为 250 μs，如图 9-13 所示.

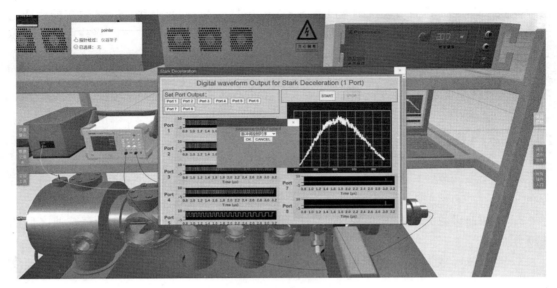

图 9-13　实验界面图 2

步骤 3　打开高压开关的供电电源,减速器工作时给电极分别加上±10 kV 电压,电极相邻电压互为反相电压,如图 9-14 所示.

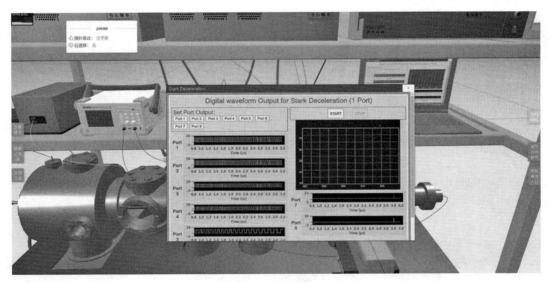

图 9-14　实验界面图 3

步骤 4　打开激光器和探测器的供电电源,给探测器加上－1 600 V 的工作电压,如图 9-15 所示.激光共振电离探测区域的分子,产生的分子离子信号被微通道板探测器接收.分子数目越多,探测到的信号越强,如图 9-16 所示.

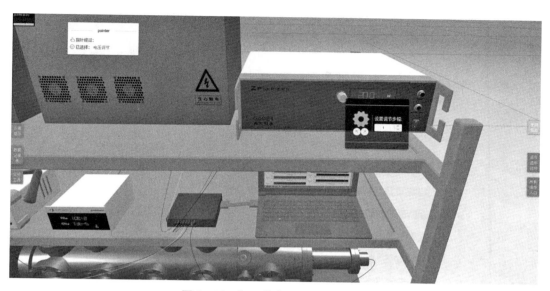

图 9 - 15　加工作电压实验界面图 3

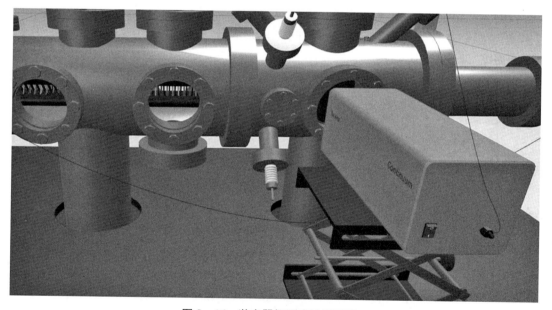

图 9 - 16　激光器探测实验界面图 4

步骤 5　打开电脑中的减速器高压控制时序程序. 先给减速器电极加上 ±10 kV 电压，但并不开启时序切换. 在分子经过减速器时，分子不减速也不加速，这个过程称为分子导引. 用探测器去测量分子波包不同位置的粒子数信号，根据飞行时间法来计算最终分子波包的速度分布，如图 9 - 17 所示.

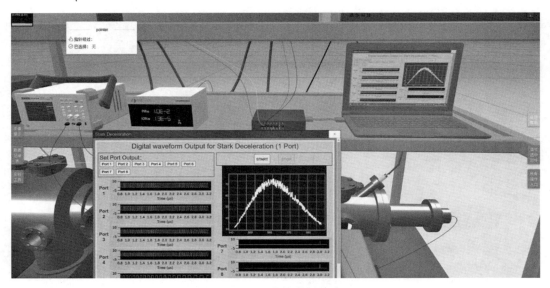

图 9 - 17   实验界面图 5

步骤 6   当给减速器电极加上切换时序时,在分子经过减速器的时候,分子会经历减速过程. 用探测器去测量分子波包不同位置的粒子数信号,根据飞行时间法来计算最终减速分子的速度,如图 9 - 18 所示.

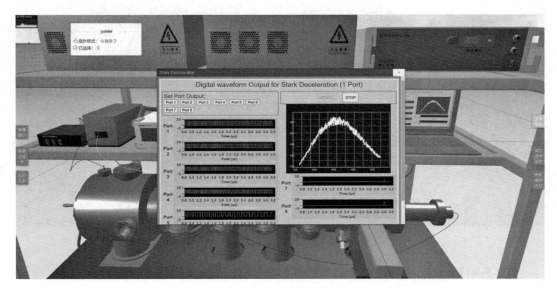

图 9 - 18   实验界面图 6

步骤 7   在实验结束后,关闭减速器电压、探测器电压、脉冲阀电压,关闭气体钢瓶,如图 9 - 19 所示.

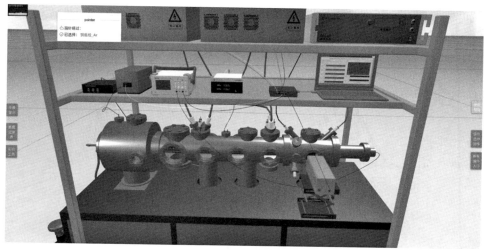

图 9 - 19 实验界面图 7

六、数据记录与处理

1. 初始分子束波包的速度分布如图 9 - 20 所示.

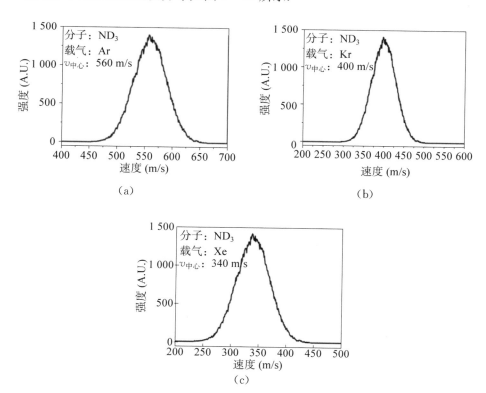

图 9 - 20 初始分子束的速度分布

(a)载气为 Ar，$v_{中心}$为 560 m/s；(b)载气为 Kr，$v_{中心}$为 400 m/s；(c)载气为 Xe，$v_{中心}$为 340 m/s

2. 根据飞行时间法测量出的导引分子波包的速度分布如图 9 - 21 所示.

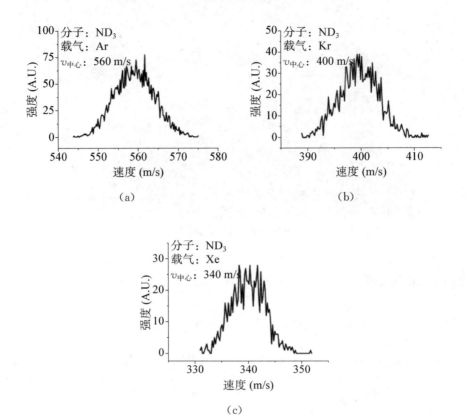

图 9‑21 导引分子波包的速度分布

(a)载气为 Ar, $v_{中心}$为 560 m/s;(b)载气为 Kr, $v_{中心}$为 400 m/s;(c)载气为 Xe, $v_{中心}$为 340 m/s

3. 根据飞行时间法测量出的减速分子波包的速度分布如图 9 - 22 所示.

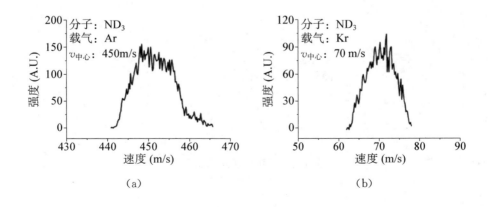

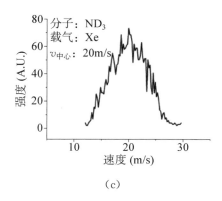

（c）

图 9‑22　减速分子波包的速度分布

（a）载气为 Ar，$v_{中心}$为 450 m/s；（b）载气为 Kr，$v_{中心}$为 70 m/s；（c）载气为 Xe，$v_{中心}$为 20 m/s

七、实验拓展

　　本实验介绍了传统静电斯塔克减速器减速弱场搜寻态极性分子的理论和实验研究情况.不过,强场搜寻态极性分子的减速在基础物理研究和应用科学领域都扮演着更加重要的角色,因此人们更感兴趣.目前,弱场搜寻态极性分子的减速已经取得巨大进步,与之相比,强场搜寻态极性分子的研究却鲜有进展,那么此类分子应该如何减速? 是否可以用本实验相同或相似的装置来实现? 减速强场搜寻态最棘手的问题是什么? 读者可以展开想象,发挥主观能动性,尝试去挑战这个科学难题.

八、实验思考

　　1. 除了静电斯塔克减速方法之外,了解还有哪些减速分子纵向速度的减速方法.
　　2. 静电斯塔克减速为什么不能增加分子束的相空间密度?
　　3. 如何消除传统斯塔克减速器中分子的横向与纵向运动耦合?
　　4. 除了传统斯塔克减速器,国际上还有哪些类型的斯塔克减速器?

本章参考文献

［1］ 侯顺永. ND₃ 分子静电 Stark 减速与表面操控的理论与实验研究,华东师范大学博士论文,2013.

［2］ H. L. Bethlem, G. Berden, G. Meijer. Decelerating neutral dipolar molecules［J］. *Phys. Rev. Lett.*, 1999,83:1558.

［3］ R. Krems, B. Friedrich, W. C. Stwalley. *Cold Molecules: Theory, Experiment, Applications*［M］. Boca Raton: Taylor and Francis Group, LLC, 2009.

［4］ H. L. Bethlem, F. M. H. Crompvoets, R. T. Jongma, S. Y. T. van de Meerakker, G. Meijer. Deceleration and trapping of ammonia using time-varying electric fields ［J］. *Phys. Rev. A*, 2002,65:053416.

［5］ J. R. Bochinski, Eric R. Hudson, H. J. Lewandowski, Gerard Meijer, J. Ye. Phase space manipulation of gold free radical OH molecules ［J］. *Phys. Rev. Lett.*, 2003,91:243001.

［6］ M. R. Tarbutt, H. L. Bethlem, J. J. Hudson, V. L. Ryabov, V. A. Ryzhov, B. E. Sauer, G. Meijer, E. A. Hinds. Slowing heavy, ground-state molecules using an alternating gradient decelerator ［J］. *Phys. Rev. Lett.*, 2004,92:173002.

［7］ B. C. Sawyer, B. K. Stuhl, B. L. Lev, J. Ye, E. R. Hudson. ［J］. *Eur. Phys. J. D*, 2008,48:197.

［8］ 侯顺永,尹亚玲,印建平. 第二讲　分子束的静电 Stark 减速、静磁 Zeeman 减速和光学 Stark 减速技术［J］. 物理,2017,46:446.

图书在版编目(CIP)数据

高等光学虚拟仿真实验/尹亚玲等主编. —上海：复旦大学出版社,2024.6
ISBN 978-7-309-17414-4

Ⅰ.①高…　Ⅱ.①尹…　Ⅲ.①光学-计算机仿真-高等学校-教材　Ⅳ.①O43

中国国家版本馆 CIP 数据核字(2024)第 090065 号

高等光学虚拟仿真实验
尹亚玲 等　主编
责任编辑/梁　玲

复旦大学出版社有限公司出版发行
上海市国权路 579 号　邮编：200433
网址：fupnet@ fudanpress.com　http://www.fudanpress.com
门市零售：86-21-65102580　团体订购：86-21-65104505
出版部电话：86-21-65642845
常熟市华顺印刷有限公司

开本 787 毫米×1092 毫米　1/16　印张 10.5　字数 243 千字
2024 年 6 月第 1 版第 1 次印刷

ISBN 978-7-309-17414-4/O・747
定价：49.00 元